THE
skinnytaste
AIR FRYER
COOKBOOK

纖食氣炸鍋

75 道減醣 + 少油 + 低脂的
營養氣炸鍋食譜

THE
skinnytaste
AIR FRYER
COOKBOOK

吉娜·哈莫卡 Gina Homolka 著

纖食氣炸鍋

75道減醣＋少油＋低脂的
營養氣炸鍋食譜

營養師 希瑟·瓊斯 Heather K. Jones

翻譯 林惠敏

這是一本與營養師合作的氣炸鍋食譜書，給想要減醣，又想大快朵頤的你！

氣炸鍋裡的苗條提案，快速料理＋熱量指南＋營養資訊

#異國美味 #素食 #無麩質 #乳糖不耐 #生酮飲食 全都適用

目錄CONTENTS

導讀 INTRODUCTION

太棒了，你終於買氣炸鍋了！或許你還不知道怎麼使用，不了解它能做出什麼樣的美食？不用擔心，準備好成為氣炸鍋狂吧！

要不是有Skinnytaste的粉絲持續寫E-mail詢問氣炸鍋食譜，我大概不會發現這有什麼好大驚小怪的。其實我曾抗拒氣炸鍋好長一段時間，不想要它佔據我廚房的空間。那時的想法是：哪有什麼是氣炸鍋可以，但我的烤箱無法做到的？我承認當時我是抱持懷疑態度的。我試做的第一道配方是我第一本食譜書《苗條美食食譜》（Skinnytaste Cookbook）中的酪奶烤箱「炸」雞。這道配方的成品酥脆至極，金黃色的雞肉非常多汁，熟度也恰到好處，而且竟然只需要一般烤箱的一半時間，這太令我驚豔了。

於是我開始測試所有我最愛的油炸料理：薯條、雞翅、洋蔥圈、炸雞排。結果實在令我刮目相看！食物居然變得比用烤箱烤的還要酥脆。甚至好幾次騙過我先生這不是炸的。無庸置疑地，我已經變成氣炸鍋的粉絲了。

突然間，用廚房新玩具來嘗試我所能想到的一切，變成有趣的挑戰。烤蔬菜贏得我心，碳烤四季豆、烤球芽甘藍和脆烤花椰菜出爐時完美地上色，完全是我喜歡的樣子。接著我開始玩鮭魚、羊排、漢堡、貝果，甚至披薩，完全無法自拔！它有許多優點：氣炸鍋預熱只需要花3分鐘，不會讓整間廚房都變得熱烘烘，比油炸更安全也更健康，而且也不會讓屋子都是油煙。

如今，不論是快速準備配菜、加熱剩菜，或製作晚餐，這個簡單實用的廚房小家電已在大多數的日子取代了我的烤箱。事實上，我是真的喜愛它，因此決定要加上自己的商標並創造我的第一個產品：Vremi的Skinnytaste氣炸鍋。市面上琳瑯滿目的氣炸鍋款式選擇可能會令你不知所措，從炸鍋籃式的（例如我的），到烤箱式的（例如美膳雅Cuisinart氣炸烤箱或Breville智慧型氣炸烤箱）都有。

好消息是：本書所有食譜適用於任何款式的氣炸鍋。我列入了兩款氣炸鍋的指示說明，同時為還不想購買氣炸鍋的人增加了一般烤箱的烹調時間（見155頁的對照表）。

市面上有大量的氣炸鍋食譜，但它們未必健康或清淡，因此我知道我必須寫一本Skinnytaste的氣炸鍋食譜。每道配方都包含了營養資訊及配方符號，標明該配方可在30分鐘的烹調時間內完成，素食、無麩質、不含乳製品、適合生酮飲食和適合冷藏等特性。

希望這本書和氣炸鍋本身可以激發你在廚房的靈感。請好好享受這個小家電，並準備好愛上它。我保證，你會找到烹飪樂趣，並將它用於料理日常之中。

食譜符號說明

尋找全書中的實用圖標：

Ⓠ 快速（在 30 分鐘以內完成）

Ⓥ 素食

ⒼⒻ 無麩質

ⒹⒻ 不含乳製品

Ⓚ 適合生酮飲食

ⒻⒻ 適合冷藏

Weight Watchers 點數

為了方便 Weight Watchers 註 的使用者查詢，所有最新的 Weight Watchers 點數就位於我網站的食譜標籤下方：www.skinnytaste.com/cookbook

註：Weight Watchers 是一個總部位於紐約的健康減重機構，擁有 50 多年的健康減重經驗。在飲食方面首創「點數值」的概念，記錄超過 4 萬多種食物和熱量自動計算的點數值。會員可以依據身高體重年齡得到不同的飲食建議，並培養健康飲食習慣，只要每日食物總攝取量不超過預計的點數值，就可以健康快樂地享受美食。

氣炸鍋的基本概念

氣炸鍋到底是什麼？基本上它是一種桌上型的對流烤箱，具有加熱線圈（通常在上方）、網格炸鍋籃或金屬炸鍋籃，以及一個能讓熱能在食物周圍循環的風扇。用烤箱烹煮食物會產生蒸氣，油炸是用熱油快煮食物，但氣炸鍋是創造出有效率且集中的加熱環境，可以更快速且均勻的烹煮食物。成品是外皮金黃酥脆，內部軟嫩多汁。這比油炸食物更健康、更安全。不僅如此，還能用氣炸鍋來烤蔬菜和魚，烘焙瑪芬和法式鹹派、重新加熱剩菜和加熱冷凍食物。基本上它是烤箱、油炸鍋和微波爐的三合一，完全是多功能家電。

氣炸鍋的選擇和使用

氣炸鍋種類繁多，從氣炸籃的精巧熱風桌上型氣炸鍋（部分具有內建烤肉架），到氣炸鍋電烤箱型的都有。烤箱型氣炸鍋較大多數的炸鍋籃款式要大，因此大部分食譜都可以一次完成，對大家庭而言較為方便。缺點是它會佔據料理檯較多的空間。另一方面，炸鍋籃式氣炸鍋較為精巧，而且有各種尺寸。如果你只是為1至2人做料理，炸鍋籃容量約2.8公升的氣炸鍋就很完美。若你是為3至4人的家庭做料理，你需要的是至少約5.2公升以上的款式。

為了取得一致的結果，將氣炸鍋預熱3分鐘是關鍵。若你的氣炸鍋不具備預熱功能，只要在開始料理前，將氣炸鍋（插入炸鍋籃）設定在你打算使用的溫度3分鐘即可。

烹煮時間依氣炸鍋的瓦數和品牌會有些許不同。本書中的所有配方都經過Vremi Skinnytaste 1,700瓦的氣炸鍋和Cuisinart 氣炸烤箱的測試。為了取得最佳成果，請熟悉你的氣炸鍋，並視需求進行調整。也不要害怕打開氣炸鍋檢查你的食物——有些款式在開啟時會關機，但當你再度關上蓋子，它們就會繼續烹調。

氣炸鍋也是適合用來再加熱食物的工具，很像微波爐，但不會把食物變得跟橡膠一樣。用氣炸鍋重新加熱食物並沒有什麼規則，我通常將溫度設定在400°F（約204°C），並經常查看烹調進度，直到食物達到理想的熱度。

氣炸成功的小祕訣

· **使用橄欖油噴霧。** 即使氣炸鍋可不用油烹調，但通常經過油炸或裹上麵包粉的食物，若噴上少許橄欖油嚐起來會最美味——只需要一丁點就會發揮很大的作用。為取得最佳成果，在放入炸鍋籃之前，請在食物的2面噴上少許橄欖油。也可購買噴油罐並裝上你最愛的油，或亦可購買不含推進劑和添加物的橄欖油噴霧，例如Bertolli 100% 特級初榨橄欖油噴霧。

· **別忘了翻面。** 由於氣炸鍋的加熱裝置通常位於上方，為了要均勻烹煮食物且讓雙面都能上色，在中途翻面是不可或缺的。如薯條或蔬菜等較小的食物，搖晃

炸鍋籃數次可讓所有食物都均勻上色且酥脆。

- **炸鍋籃勿塞太滿。** 烹調時，永遠只將食物鋪開1層。如果有東西放不進去，請分批烹煮食物，以避免炸鍋籃塞太滿。塞太滿會讓氣流無法在食物周圍循環，造成食物難以上色，也不夠酥脆。為可以讓食物熱騰騰地上桌，在所有食物分批烤熟且上色後，還是可以再將食物放回炸鍋籃，再一起加熱1至2分鐘，回溫就好。

氣炸鍋配件

投資部分配件可開啟製作更多菜肴的可能性，例如義式烘蛋、小蛋糕、串燒、砂鍋菜，甚至更多！你可能已經擁有部分的配件了：任何適用於烤箱，而且可放入氣炸鍋但不會接觸到加熱裝置的焗烤盤或蛋糕烤模都行得通。拋棄式迷你鋁箔蛋糕烤模和杯子蛋糕紙杯也很適合烘焙。

一般食譜在氣炸鍋上的轉換應用

若要將傳統的食譜用於氣炸鍋，可將溫度減少25°F至50°F（5℃至10℃），烘焙時間可減少將近一半，亦可參考右頁的對照表來決定食物的最佳烹調時間。

註：書中的°F為華氏溫度，在台灣還是常用攝氏的℃，之後全書食譜都以換算好的℃表示溫度。

關於鹽的注意事項

或許你會很訝異地發現，不同品牌及種類的鹽可能會造成極大的差異。為維持食譜的一致性——同時也為了提供味道和營養的資訊，我使用的是鑽石牌猶太鹽（Diamond Crystal Kosher）。若你使用其他種類的鹽，只要記得隨時品嚐味道，避免太鹹或太淡。

註：作者於全書使用的鹽，皆為鑽石牌猶太鹽（Kosher Salt），這是根據猶太人的飲食習慣製成，不含碘的鹽，不像精制鹽容易溶解，口感跟樣子類似海鹽或岩鹽，顆粒稍粗。

傳統烤箱烹調對照表

若想用一般烤箱而非氣炸鍋來製作本書的配方，我也提供了用於烤箱的烹調時間。但請記住，成品不會像用氣炸鍋烤出來的那麼酥脆，但遵照這裡的指示可讓你接近理想成果。除非另有說明，否則所有的配方都是在噴上油的淺邊金屬烤盤上烹調。

基本烹調時間

請遵循以下的備料、溫度和烹調時間,而且永遠記得要在烹調中途將食物翻面(或是在烹調如雞翅、薯條等食材時搖動炸鍋籃)。

		備料	氣炸鍋溫度	烹調時間
肉與海鮮	培根	1層的中段培根條	330°F(約166)	10至12分鐘
	牛肉漢堡	1約1.27公分厚	400°F(約204)	5分熟10分鐘
	魷魚	約1.27公分厚的魷魚圈	400°F(約204)	3至5分鐘
	(無骨)雞胸肉	為切片雞排鋪上薄薄麵包粉	400°F(約204)	7至8分鐘
	雞腿	小,在中途翻面	350°F(約177)	28至30分鐘
	(無骨)大雞腿	在中途翻面	400°F(約204)	14分鐘
	雞翅(小雞腿和小雞翅)		400°F(約204)	22至24分鐘
	美國春雞Cornish hen	切半	380°F(約193)	30分鐘
	魚片(如鱈魚或比目魚等白肉魚)	約1.9至2.5公分厚	370°F(約188)	7至10分鐘
	肉丸	1/4杯大	380°F(約193)	9至10分鐘
	(無骨)豬排	約1.9公分厚	400°F(約204)	8分鐘
	烤牛肉	約907克	325°F(約163)	3分熟30至35分鐘
	鮭魚漢堡	約1.9公分厚	400°F(約204)	12分鐘
	鮭魚排	約2.5公分厚	400°F(約204)	7分鐘
	香腸條	每條約85克	400°F(約204)	10至12分鐘
	蝦(火腿大小)	裹上麵包粉	360°F(約182)	6至8分鐘
	牛排(沙朗、肋眼)	約2.5公分厚	400°F(約204)	10分鐘
蔬菜	橡實南瓜	縱向切半並去籽	325°F(約163)	15分鐘
	蘆筍	切去末端,保留完整的蘆筍或切半	370°F(約188)	8至10分鐘
	紅皮小馬鈴薯	切成4塊,並用油拌勻	350°F(約177)	20至22分鐘
	烤馬鈴薯	約198克,整顆	400°F(約204)	35分鐘
	甜椒	去梗去籽,切成約2.5公分寬的條狀	350°F(約177)	10分鐘
	綠花椰菜	約2.5公分的小花,油拌	370°F(約188)	8分鐘
	球芽甘藍	去掉不要的部分,小的切半,大的切成4塊	350°F(約177)	10至13分鐘
	白花椰菜	小花	380°F(約193)	8分鐘
	茄子	切成約0.64公分厚的片狀	380°F(約193)	8分鐘
	薯條	約0.64公分厚的條狀	380°F(約193)	12分鐘
	四季豆	去掉不要的部分	370°F(約188)	8至9分鐘
	菇類	切半,大的切成4塊,用橄欖油拌勻	370°F(約188)	8至10分鐘
	洋蔥	裹上麵包粉並切成環狀	340°F(約171)	10分鐘
	番茄	葡萄番茄或櫻桃番茄,切半	400°F(約204)	10分鐘
	櫛瓜或夏南瓜(summer squash)	切半並切成約1.27公分厚	350°F(約177)	7至8分鐘

早餐 BREAKFAST

義式蔥燒蔬食乳酪烘蛋

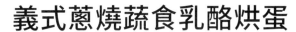

Veggie-Leek and Cheese Frittata

氣炸鍋不只能用來炸薯條和烤雞翅，焗烤盤和蛋糕模更增加它的多用性，讓你可以從蛋變成蛋糕，甚至更多！為了擴充氣炸鍋的性能，只需購買1組配件或使用小型焗烤盤。這道簡單的烘蛋有滿滿的蔬菜，只需要將所有材料都混合在一個碗裡，倒入烤盤，按下開始鍵，就是這麼簡單！可以製作簡單早餐或平日想快速做出二人份健康晚餐時，義式烘蛋是絕佳的選擇。

噴霧用油少許

大雞蛋 4 顆

切碎的褐色蘑菇約 113 克

切碎的嫩菠菜 1 杯（約 28 克）

切碎的韭蔥（只要蔥白部分）1/3 杯（1
大根）

切達乳酪絲（shredded cheddar
cheese）1/2 杯（約 57 克）

對半切的聖女番茄（grape tomato）
1/4 杯

脂肪含量 2% 的牛奶 1 大匙

鹽 1/2 小匙

大蒜粉 1/4 小匙

乾燥奧勒岡（dried oregano）1/4 小匙

現磨黑胡椒粉適量

1. 為 6-7 英吋（約 15-18 公分）的圓形蛋糕模或焗烤盤噴上少量的噴霧用油。

2. 在大碗中，用叉子將蛋打勻，加入蘑菇、菠菜、韭蔥、切達乳酪絲、聖女番茄、牛奶、鹽、大蒜粉、奧勒岡和適量的黑胡椒粉，攪拌混合後倒入焗烤盤中。

3. 將氣炸鍋預熱至 149℃。

4. 將蛋糕模放入氣炸鍋的炸鍋籃，烤 20 至 23 分鐘，直到中央的蛋凝固。（若使用氣炸式烤箱，請用約 14×18 公分的長方形焗烤盤，以約 135℃ 烤 38 分鐘）。

5. 將義式烘蛋切半享用。

苗條情報

· 韭蔥是半中半西，長的很像日本大蔥的食材，算是這道義式烘蛋中的重點，如果你手邊完全沒有，洋蔥也行得通。

· 亦能將切達乳酪換成瑞士乳酪或哈伐第乳酪（Havarti）。

· 全書原文作者是採用的鑽石牌猶太鹽（Kosher Salt），因台灣購買不易，其口感外型口感類似海鹽或岩鹽，顆粒稍粗，接下來全書皆將以鹽代稱。

每份：1 塊 · 熱量 292 · 脂肪 19.5 克 · 飽和脂肪 9 克 · 膽固醇 402 毫克 · 碳水化合物 7 克 · 纖維 1.5 克 · 蛋白質 23 克 · 糖 3 克 · 鈉 625 毫克

FF

給我百吉餅的早餐口袋

Everything-but-the-Bagel Breakfast Pockets

你最愛的早餐三明治是什麼？將它變成口袋早餐吧！有無止境的餡料組合：培根和起司通常是我的必備搭配，但你可將培根換成火腿，或是完全不放肉，並加入更多的蔬菜。不論你怎麼做，都別偏離「百吉餅」（口袋餅）的調味！

餡料

切碎的中段培根 4 片

切丁的紅甜椒或青椒 1/3 杯

切碎的蔥 1/3 杯

大型蛋 4 顆

猶太鹽 1/4 小匙

現磨黑胡椒粉

切達乳酪絲 1/3 杯

麵團

中筋麵粉 1 杯（約 142 克），再加上少許灑在表面用麵粉

泡打粉 1 又 1/2 小匙

鹽 1/2 小匙

零脂希臘優格（非一般優格）1 杯（將所有液體瀝乾）

組裝與擺盤

打發的大型蛋蛋白 1 顆

「給我百吉餅」調味料 2 小匙（見 20 頁「什麼都有貝果」調味）

噴霧用油

辣椒醬（非必要）

餡料

1. 冷鍋放入培根以中火加熱，煎至金黃酥脆，約 4 至 5 分鐘。將培根移至鋪有紙巾的盤中。將鍋裡的油只留下約 1/2 大匙，加入甜椒和蔥拌煮至軟化，約 2 分鐘。

2. 蛋、鹽和適量的黑胡椒粉拌勻，和蔬菜一起放入鍋中，以竹筷攪拌炒蛋至蛋凝固，約 2 至 3 分鐘，拌入切達乳酪絲後離火，靜置冷卻。趁這段時間製作麵團。

麵團

3. 在中型碗中混合麵粉、泡打粉和鹽，拌勻。加入優格攪拌至充分混合（看起來會像是小麵屑）。

4. 先在工作檯上撒上少許麵粉。將麵團移至工作檯上，手揉 2 至 3 分鐘，揉至表面光滑且略帶筋性（麵團不黏手）。

5. 將麵團分為均等的 4 等份。在工作檯和桿麵棍撒上少許麵粉。將每個麵團都擀成直徑約 18 公分的圓形麵皮。

組裝

6. 將煮好的蛋、蔬菜和起司等餡料分成 4 份（每份約 1/2 杯）。將餡料均勻鋪在每張圓形麵皮的下半部，並預留約 2.5 公分的邊，再在每張麵皮上撒上 1/4 的熟培根。

7. 在麵皮邊緣刷上蛋白，並將上半部的麵皮向下折起，蓋住餡料，形成半月形，但在底部留下約 1.3 公分的邊不要覆蓋，將交疊的麵皮邊緣捏緊密合，或是用叉子壓出褶邊。用叉子在表面戳 4、5 下，接著刷上蛋白。為每張麵皮撒上 1/2 小匙的「百吉餅」（口袋餅）調味料。

8. 將氣炸鍋預熱至約 177℃。

9. 在炸鍋籃底部噴上油，以預防沾黏。分批進行，在炸
   鍋籃中鋪上 1 層「百吉餅」（口袋餅），烤 6 分鐘，
   翻面繼續再烤 4 分鐘，或是烤至金黃色為止（若使
   用的是氣炸式烤箱，請以約 149℃烘烤；烘烤時間不
   變）。最後依個人喜好搭配辣椒醬享用。

苗條情報

務必要使用濃稠的希臘式（非一般）優格。我使用過美
國的 Fage 和 Stonyfield 優格測試過這道配方，效果非
常好。台灣也可於大型超商或美式賣場如找到零脂希臘
式優格，包裝上有中文貼紙，在營養資訊中可以看到脂
肪含量真的是 0 喔。

每份：1 個口袋餅 · 熱量 305 · 脂肪 10.5 克 · 飽和脂肪 10.5 克 · 膽固醇 203 毫克 · 碳
水化合物 28 克 · 纖維 1.5 克 · 蛋白質 21 克 · 糖 3 克 · 鈉 839 毫克

雙醬燕麥烤餅佐香蕉與藍莓

PB&J Oatmeal Bake
with Bananas and Blueberries

花生醬與果醬是童年最愛的組合，和溫暖的烤燕麥搭配也很美味。用熟透的香蕉和少許蜂蜜增加甜味，接著在表面鋪上一些帶有果肉的葡萄果醬，這道料理幾乎把甜點當作早餐！

由於是使用氣炸鍋製作，基本上就是加強版的烤箱，相較於一般烤箱，只需要一半的時間進行烘烤。做多了，剩下的可冷藏保存，加熱後一樣美味，是方便隨身攜帶的早餐。

噴霧用油

極熟的香蕉 2 大根（越熟越好）

即食燕麥 *2/3 杯（未煮過的）

泡打粉 1/2 小匙

鹽少量

無糖杏仁奶（或任何想加的乳品）1/2 杯

粉狀花生醬（例如 PB2 品牌）5 大匙

蜂蜜 1 大匙

大雞蛋 1 顆

香草精 1 小匙

藍莓 1/2 杯

帶有果肉的葡萄果醬 4 大匙

* 請閱讀標籤，以確保為無麩質產品。

1. 將 7 英吋（約 17.8 公分）的圓形蛋糕模噴上大量的噴霧用油。

2. 將香蕉放碗中用叉子搗爛。在另 1 個碗中，將燕麥、泡打粉和鹽攪勻。

3. 在一大碗中將牛奶與粉狀花生醬拌勻，加入蜂蜜、蛋和香草精，再混入香蕉，直到充分混合後，加入燕麥混料拌勻。最後拌入藍莓，倒入準備好的焗烤盤，用小湯匙將果醬鋪在表面。

4. 將氣炸鍋預熱至約 149°C。

5. 將焗烤盤放入炸鍋籃。烤 25 分鐘，或是烤至表面焦黃且中央的燕麥片凝固（若使用氣炸式烤箱，請以小的長方形焗烤盤盛裝，並擺在底層烤架位置，以約 121°C 烤 36 分鐘）。將焗烤盤取出，靜置冷卻 10 至 15 分鐘。可切成 4 塊，趁熱享用。

苗條情報

美國的 PB2 粉狀花生醬是脫去部分脂肪的花生醬，可減輕身體負擔，適合生酮飲食，不過粉狀花生醬需要自己加水攪拌成醬。

每份：1 塊 · 熱量 226 · 脂肪 3.5 克 · 飽和脂肪 0.5 克 · 膽固醇 47 毫克 · 碳水化合物 44 克 · 纖維 5 克 · 蛋白質 7 克 · 糖 23 克 · 鈉 183 毫克

家常蔥椒薯塊
Home Fries with Onions and Peppers

家常薯條總讓我想起青少年時期，在速食餐館櫃檯後製作料理的母親，周末時我也會在這家餐館當服務生，同時也負責為薯條用的馬鈴薯去皮。這個版本更簡單，不需要先燙煮或將馬鈴薯去皮，只要確保將馬鈴薯都切成同樣大小的丁狀，能均勻熟透即可。

我喜歡在家常薯塊上再鋪上2個柔軟的水波蛋，有時再加上幾片培根。

成小丁的紅皮馬鈴薯約 453 克（約 1.3 公分）

切成小丁的中型洋蔥 1 顆（約 1.3 公分）

切成小丁的青椒 1 大顆（約 1.3 公分）

切成小丁的紅甜椒 1 大顆（約 1.3 公分）

特級初榨橄欖油 1 又 1/2 大匙

鹽 1 又 1/4 小匙

蒜粉 3/4 小匙

甜味紅椒粉 3/4 小匙

1. 在大碗中，混合馬鈴薯、洋蔥、青椒、紅甜椒、油、鹽、蒜粉、紅椒粉和適量的黑胡椒粉，拌勻。

2. 將氣炸鍋預熱至約 177°C。

3. 將步驟 1 的所有備料一次放入炸鍋籃中，烤約 35 分鐘，每 10 分鐘搖動 1 次籃子，直到馬鈴薯烤至表面金黃且內部柔軟（若使用氣炸式烤箱，請以約 149°C 烤約 45 分鐘）。請趁熱享用。

每份：2/3 杯 · 熱量 159 · 脂肪 5.5 克 · 飽和脂肪 1 克 · 膽固醇 0 毫克 · 碳水化合物 26 克 · 纖維 4 克 · 蛋白質 3 克 · 糖 3 克 · 鈉 375 毫克

手作簡易貝果
Homemade Bagels

我的家人們都愛死這些貝果了！它是如此簡單，完全從零開始，也只用到5樣食材：麵粉、希臘式優格、蛋白、泡打粉和鹽。無須發酵、煮沸，也不會用到花俏的食物調理機。添加優格讓貝果含有高蛋白，嚼起來非常美味，你可能再也不會購買外面的貝果了。但先決條件是：請確保你的希臘式優格足夠濃稠，否則麵團會很黏。我用Stonyfield和Fage牌的希臘式優格做出了最佳成果（Chobani牌的優格則會形成黏麵團）。

未漂白中筋麵粉或全麥麵粉1杯（約142克），再加上工作檯用麵粉少許（請參考苗條情報的無麩質選項）

泡打粉2小匙

鹽3/4小匙

零脂希臘式優格（非一般優格，將液體瀝乾）1杯

打發蛋白1顆

非必要配料

「什麼都有貝果」調味（芝麻、燕麥、乾蒜片和乾洋蔥片），或是任何喜愛的貝果配料。

1. 在碗中混合麵粉、泡打粉、鹽，攪拌均勻，加入優格，並用叉子或刮刀拌勻（看起來會像小麵包屑）。

2. 在工作檯上撒上少量的麵粉。將麵團移至工作檯上，手揉2至3分鐘，揉至表面光滑且略帶筋性（此時將麵團滾圓，麵團不會黏手）。將麵團分割成4個大小相等的麵球。將每顆球揉成約1.9公分厚的長條狀，並將頭尾2端緊密黏合，塑型成貝果狀。在表面刷上蛋白，並依個人喜好，在2面灑上你選擇的配料。

3. 將氣炸鍋預熱至約138℃。

4. 分批烘烤，在炸鍋籃中鋪上一層貝果。烤15至16分鐘（無須翻面），烤至金黃色（若使用氣炸式烤箱，請以約121℃烤約18分鐘）。放涼至少15分鐘後再切開享用。

苗條情報

· 請確認你的泡打粉是無鋁且沒有過期，否則貝果不會膨脹。

· 若要製作無麩質版本，可嘗試 Cup4Cup 品牌的無麩質預拌粉（gluten-free flour mix），以約163℃烤12分鐘，中途快速翻面。

每份：1個貝果·熱量149·脂肪0.5克·飽和脂肪0克·膽固醇0毫克·碳水化合物26克·纖維1克·蛋白質10克·糖2克·鈉490毫克

Q
V
GF
K
FF

奶油乳酪糖霜肉桂卷

Cinnamon Rolls with Cream Cheese Icing

1大杯的咖啡,再搭配淋上奶油乳酪糖霜的肉桂卷,構成了美好、放鬆的星期天早晨。沒錯,你當然可以吃肉桂卷:我的理念是凡事只要適可而止,沒有什麼是不能碰的!瘦身版肉桂卷使用的奶油和糖比傳統版的少很多(奶油只有2小匙),從氣炸鍋中出爐時依舊蓬鬆可口,令人吮指的美味。

麵團

乾酵母 1 又 1/8 小匙(約 3 克)

溫水 1/4 杯

砂糖 2 小匙

無糖杏仁奶或脂肪含量 2% 的牛乳 2 大匙

大雞蛋 1 顆

鹽 1/4 小匙

過篩的中筋麵粉 1 又 1/2 杯(約 213 克),再加上工作檯用麵粉

融化的無鹽奶油 2 小匙

噴霧用油

餡料

紅糖 3 大匙

肉桂粉 1 又 1/2 小匙

麵團

1. 在小碗中,以溫水(40°C以下)溶解酵母,靜置 5 分鐘。

2. 在碗中混合砂糖、牛乳、蛋、鹽、酵母混料和 1 杯的麵粉,攪拌成團。拌入剩餘 1/2 杯的麵粉,用木匙混合。很難用木匙攪拌時,用手輕輕揉至形成球狀(麵團將略帶黏性)。

3. 將麵團擺在撒上少許麵粉的工作檯上,手揉至完全光滑且帶有彈性,約 8 分鐘。取 1 大碗刷上 1/2 小匙的融化奶油,將麵團放入碗中,翻動麵團 1 次,讓麵團徹底被奶油包覆。蓋上濕潤的廚房毛巾。讓麵團在溫暖處發酵至體積增加為 2 倍,約 1 小時。

4. 為 7 英吋(約 18 公分)的圓形蛋糕模或披薩烤盤噴上噴霧用油,靜置一旁。

餡料

5. 在小碗中混合紅糖和肉桂粉。

6. 輕輕捶打發酵好的麵團,讓麵團排氣。在撒上少許麵粉的工作檯上,用桿麵棍將麵團擀成約 18×33 公分、約 0.6 公分厚的長方形麵皮。刷上剩餘 1 又 1/2 小匙的融化奶油,並撒上餡料的混料後,切成 7 條約 2.5 公分寬的麵皮(披薩刀很好用)。

(配方接續下頁)

每份:1 個肉桂卷 · 熱量 183 · 脂肪 3.5 克 · 飽和脂肪 2 克 · 膽固醇 34 毫克 · 碳水化合物 33 克 · 纖維 1 克 · 蛋白質 5 克 · 糖 11 克 · 鈉 92 毫克

淋醬

脂肪含量減少 1/3 的常溫奶油乳酪 1/4
　杯

香草精 1/4 小匙

鹽少量

過篩糖粉 1/4 杯

無糖杏仁奶（視需求添加）

7. 將每條麵皮緊緊捲起，擺在準備好的蛋糕模中，螺旋形側邊朝上。蓋上濕潤的廚房毛巾，靜置一旁，直到麵卷膨脹長大，約 20 至 40 分鐘。

8. 將氣炸鍋預熱至約 132℃。

9. 將蛋糕模放入氣炸鍋的炸鍋籃。烤 20 至 22 分鐘，直到烤至焦黃（若使用氣炸式烤箱，請將炸鍋籃擺至底層烤架位置，約 121℃烤 23 至 25 分鐘）。在鍋中放涼 5 分鐘，趁這段時間製作鏡面淋醬。

淋醬

10. 在小碗中將奶油乳酪、香草精和鹽攪拌至滑順，拌入糖粉，攪拌至充分混合，再加入 1 小匙的杏仁奶，直到混料到達可以倒出，但仍濃厚黏稠的狀態。

11. 將淋醬均勻地淋在鍋中的熱肉桂卷上，務必將肉桂卷表面完全包覆。趁熱享用。

苗 條 情 報

可將剩下的肉桂卷冷藏，接著再用氣炸鍋或微波爐加熱食用。

每份：1 個肉桂卷 · 熱量 183 · 脂肪 3.5 克 · 飽和脂肪 2 克 · 膽固醇 34 毫克 · 碳水化合物 33 克 · 纖維 1 克 · 蛋白質 5 克 · 糖 11 克 · 鈉 92 毫克

早餐火雞肉香腸
Breakfast Turkey Sausage

用香腸當早餐絕不是個壞主意，但購買現成的香腸肉餡餅或香腸條就意味著大量的脂肪和加工食材。當你從零開始製作香腸，可以自己控制加進去的材料，而且製作起來是如此簡單，信不信由你！這些早餐香腸肉餡餅使用的是火雞絞肉，因而可保持精瘦，並使用切碎的蘋果來增加甜味。

切碎的新鮮鼠尾草 1 大匙

切碎的新鮮百里香 1 大匙

鹽 1 又 1/4 小匙

茴香籽 1 小匙（用刀側壓碎）

煙燻紅椒粉 3/4 小匙

蒜粉 1/2 小匙

洋蔥粉 1/2 小匙

現磨黑胡椒粉 1/8 小匙

碎紅椒片 1/8 小匙

瘦肉 93% 的火雞絞肉約 454 克

剁碎的甜蘋果（削皮），例如加拉（Gala）或蜜脆（Honeycrisp）蘋果 1/2 杯

1. 在中型碗中混合鼠尾草、百里香、鹽、茴香籽、紅椒粉、蒜粉、洋蔥粉、黑胡椒粉和碎紅椒片，拌勻。加入火雞絞肉和蘋果，用手將香料混料混入肉中，直到充分混合且捏至有點黏性。揉成 8 個約 0.6 公分厚且直徑約 7.6 公分的肉腸。

2. 將氣炸鍋預熱至約 204℃。

3. 分批烘烤，在炸鍋籃中鋪上 1 層肉腸。烤 10 分鐘，中途翻面，將肉腸烤至呈棕色而且中間熟透（若使用氣炸式烤箱，溫度和時間維持不變）。趁熱享用。

苗條情報

這些肉腸可提前 1 天製作，生肉腸可冷凍保存達 1 個月。

每份：2 塊肉餅 · 熱量 185 · 脂肪 9.5 克 · 飽和脂肪 2.5 克 · 膽固醇 84 毫克 · 碳水化合物 3 克 · 纖維 1 克 · 蛋白質 22 克 · 糖 2 克 · 鈉 430 毫克

迷你香料南瓜麵包

Petite Spiced Pumpkin Bread

迷你香料南瓜麵包可能是秋季的人氣料理，但由於以大量奶油製成，對於想瘦身的人來說未必是首選。因此我想出較清淡的版本，讓你整個季節都能好好享受。我使用的是未漂白和純白全麥麵粉的組合，味道較不如一般的全麥麵粉來得強烈。

噴霧用油

未漂白的中筋或無麩質麵粉（見苗條情報）1/3 杯

純白全麥麵粉或無麩質麵粉 1/4 杯

散裝紅糖 5 大匙

小蘇打粉 1/4 小匙

泡打粉 1/4 小匙

南瓜派香料 1 小匙

肉桂粉 1/8 小匙

肉豆蔻粉 1/8 小匙

鹽 1/8 小匙

無糖南瓜泥 3/4 罐

椰子油或植物油 1 大匙

大雞蛋 1 顆

香草精 3/4 小匙

表面的奶酥配料

紅糖 2 大匙

純白全麥麵粉或無麩質麵粉 1/2 大匙

肉桂粉 1/8 小匙

冷的無鹽奶油 1/2 大匙

1. 在 6×3 又 1/2×2 英吋（約 15×9×5 公分）的迷你長方形烤模內噴上噴霧用油。

2. 在碗中攪拌麵粉、紅糖、小蘇打粉、泡打粉、南瓜派香料、肉桂粉、肉豆蔻粉和鹽。

3. 在大碗中混合南瓜泥、油、蛋和香草精。用手持式電動攪拌棒以中速攪打，中途停下用刮刀將噴至碗側邊的材料刮下，繼續攪打至濃稠。

4. 將麵粉等混料加入南瓜混料中，用電動攪拌機以低速攪打至充分混合。將麵糊倒入準備好的烤模中。

表面的奶酥配料

5. 在小碗中混合紅糖、麵粉和肉桂粉。用叉子拌入奶油，直到形成粗麵屑。均勻地撒在麵糊上。

6. 將氣炸鍋預熱至約 149°C。

7. 將烤模放入炸鍋籃，烤 40 至 45 分鐘，烤至用牙籤插入中央，抽出時不會沾黏麵糊為止（若使用氣炸式烤箱，將炸鍋籃擺在底層烤架位置，以約 121°C 烤約 45 分鐘）。放涼至少 30 分鐘後再切成 6 片享用。

苗條情報

· 迷你鋁箔長方形烤模可在大多數超市的鋁箔烤模區找到。

· 若要製作無麩質版本，請將麵粉換成優質的無麩質預拌粉，例如 Cup4Cup 品牌。

每份：1 片 · 熱量 139 · 脂肪 4.5 克 · 飽和脂肪 3 克 · 膽固醇 34 毫克 · 碳水化合物 23 克 · 纖維 2 克 · 蛋白質 3 克 · 糖 11 克 · 鈉 113 毫克

藍莓檸檬優格馬芬

Blueberry-Lemon Yogurt Muffins

沒有什麼比美味的藍莓馬芬更適合當早餐的了。蓬鬆的馬芬帶有淡淡甜味和滿滿的藍莓，甚至不必用到馬芬烤盤（額外的好處！）。我將麵糊倒入鋁箔烘烤杯，再直接放入氣炸鍋的炸鍋籃中。6個馬芬是最恰到好處的份量，烤起來不會太麻煩。若找不到新鮮莓果，冷凍的效果也很好（無須解凍）。

噴霧用油

常溫無鹽奶油 1 又 1/2 大匙

糖 6 大匙

大雞蛋 1 顆

蛋白 1 大顆

香草精 1 小匙

新鮮檸檬汁 1 小匙

現刨檸檬皮 1 顆

零脂希臘式優格 10 大匙（約 142 克）

自發低筋麵粉（self-rising cake flour）3/4 杯再加 2 大匙

（無麩質選項請參考「苗條情報」）

新鮮或冷凍藍莓 3/4 杯

1. 為 6 個鋁箔烤杯噴上噴霧用油。

2. 用手持式電動攪拌棒以中速攪打奶油和糖，直到充分混合，約 2 分鐘。

3. 將全蛋、蛋白和香草精攪勻，加入奶油和糖的混料，以及檸檬汁和檸檬皮攪打至充分混合，約 30 秒。依序拌入優格、是麵粉，用電動攪拌機以低速攪拌至充分混合，約 30 秒。用刮刀拌入藍莓。再用冰淇淋勺將混合好的麵糊平均分裝至準備好的烤杯中，填至 8 分滿。

4. 將氣炸鍋預熱至約 149℃。

5. 分批烘烤，在炸鍋籃中鋪上 1 層馬芬。烤 15 分鐘，或烤至表面金黃，並用牙籤插入中央，抽出時不會沾黏麵糊為止（若使用氣炸式烤箱，溫度維持不變，烤約 14 分鐘）。放涼後再食用。

苗 條 情 報

若要製作無麩質版本，請用 3/4 杯如 Cup4Cup 的無麩質預拌粉來取代自發麵粉，並添加1/4 小匙的小蘇打粉。

每份：2 個馬芬・熱量 168・脂肪 3.5 克・飽和脂肪 2 克・膽固醇 40 毫克・碳水化合物 28 克・纖維 0.5 克・蛋白質 5 克・糖 16 克・鈉 225 毫克

開胃菜與點心
APPETIZERS AND SNACKS

水牛城雞翅佐藍紋乳酪沾醬
Buffalo Wings with Blue Cheese Dip

請準備好弄髒你的手指！水牛城雞翅不僅滋味豐富，而且相較於一般餐廳油膩膩的炸雞翅，還能幫你減掉大量卡路里（多虧有氣炸鍋）。以希臘式優格製成簡單清爽的藍紋乳酪沾醬，也很適合用來沾芹菜和胡蘿蔔條。

雞翅部分（混合小雞腿和小雞翅）12 隻
（約 737 克）

美式雞翅辣醬（Frank's RedHot
sauce）6 大匙

蒸餾白醋 2 大匙

乾燥奧勒岡 1 小匙

蒜粉 1 小匙

鹽 1/2 小匙

藍紋乳酪沾醬

藍紋乳酪碎塊 1/4 杯

低脂的希臘式優格 1/3 杯

新鮮檸檬汁 1/2 大匙

蒸餾白醋 1/2 大匙

芹菜莖 2 根（斜向切半，共切成 8 條）

中型胡蘿蔔 2 根（去皮，斜向切半，共
切成 8 條）

1. 在大碗中混合雞翅和 1 大匙的雞翅辣醬、醋、奧勒岡、蒜粉和鹽，攪拌抓醃至雞翅充分被醬料包裹。

2. **藍紋乳酪沾醬**：在小碗中，用叉子將藍紋乳酪和希臘式優格一起壓碎。拌入檸檬汁和醋，直到充分混合。冷藏至準備享用的時刻。

3. 將氣炸鍋預熱至約 204℃。

4. 分批烘烤，在炸鍋籃中鋪上 1 層雞翅，烤 22 分鐘，中途翻面，烤至金黃酥脆且熟透（若使用氣炸式烤箱，溫度維持不變，烤 15 至 16 分鐘）。移至乾淨的大碗中（請勿使用內有醃漬醬汁的碗）。分批烤完所有的雞翅後，再將所有的雞翅放回氣炸鍋，烤 1 分鐘，烤至內部夠熱。

5. 將雞翅用剩餘 5 大匙的雞翅辣醬攪拌，讓雞翅被醬汁完全包覆，擺在大淺盤上，搭配芹菜、胡蘿蔔條和藍紋乳酪沾醬一起享用。

苗條情報

提前準備雞翅，可在前 1 晚醃漬雞翅和製作沾醬。

每份：3 隻雞翅＋胡蘿蔔 2 條＋芹菜 2 條＋沾醬 2 大匙 · 熱量 256 · 脂肪 16.5 克 · 飽和脂肪 6 克 · 膽固醇 226 毫克 · 碳水化合物 5 克 · 纖維 1.5 克 · 蛋白質 23 克 · 糖 3 克 · 鈉 1120 毫克

雞肉蔬菜春捲
Chicken-Vegetable Spring Rolls

我非常愛吃春捲,甚至可以直接吃剛從冰箱取出的冷春捲(只有我這樣嗎?)。自己製作春捲好處多多:氣炸春捲一點都不麻煩,而且少油更健康。此外,它們相當容易組裝。我們可以說它們每一口都完美!

烤芝麻油 1 大匙

瘦肉 93% 的雞絞肉約 227 克(素食選項請參考苗條情報)

減鈉醬油 4 大匙

現刨生薑 1 小匙

剁碎的大蒜 3 瓣

切碎的蔥 3 大根

大白菜或高麗菜絲 2 杯

切碎的小白菜 1 杯

胡蘿蔔絲 1/2 杯

無調味米醋 1 大匙

春捲皮 10 張(約 20 公分的正方形;用小麥而非米製成)

噴霧用油

泰式甜辣醬、酸梅醬(duck sauce)或辣醬,做為沾醬用(非必要)

1. 在大煎鍋中以大火加熱芝麻油。加入雞絞肉和 2 大匙的醬油,用木匙將雞肉炒散,煎至正好熟透,約 5 分鐘。加入薑、大蒜和蔥拌炒,至散發出香氣,約 30 秒。加入高麗菜、小白菜、胡蘿蔔、2 大匙的醬油和醋。不時翻炒煮至蔬菜熟嫩爽脆,約 2 至 3 分鐘。放在一旁待涼。

2. 將 1 張方形春捲皮擺在潔淨的平面上,將一角朝上,形成鑽石形。將 1/4 杯的餡料放至春捲皮底部的 1/3 處。再用手指沾水沿著春捲皮邊緣畫一圈後,先將最靠近自己的一角提起包圍住餡料,再將左、右角向中間折,持續由下往上捲成緊實的條狀。擺在一旁,剩餘的春捲皮和餡料也以同樣方式處理。

3. 將氣炸鍋預熱至約 204℃。

4. 為春捲的每一面噴上油。分批烘烤,在炸鍋籃中鋪上 1 層春捲,烤 6 至 8 分鐘,中途翻面,烤至金黃色(若使用氣炸式烤箱,請以約 163℃烤 6 至 7 分鐘)。可依個人喜好,在一旁搭配沾醬享用。

苗條情報

· 若要變化口味,可將雞肉換成豬絞肉或碎蝦肉,或是用波特菇做成素食版本。

· 若找不到春捲皮,蛋餅皮也可以。

每份:2 個春捲 · 熱量 166 · 脂肪 6.5 克 · 飽和脂肪 1.5 克 · 膽固醇 39 毫克 · 碳水化合物 16 克 · 纖維 1.5 克 · 蛋白質 10 克 · 糖 2 克 · 鈉 538 毫克

墨西哥辣椒培根起司卷

Bacon-Wrapped Cheesy Jalapeño Poppers

當我想吃簡單快速的點心或歡樂假期的開胃菜時，塞入起司並用培根捲起的墨西哥辣椒就是美味至極的首選。可依個人需求調整份量多寡，而且可以提前準備，只要在朋友來訪時再放入氣炸鍋即可。培根在氣炸鍋中炸的好香，額外好處是，你不必為了製作這道料理而要提前預熱整台烤箱。

墨西哥辣椒 6 大條

減脂 1/3 的奶油乳酪約 113 克

低脂長期熟成切達乳酪絲 1/4 杯（約 28 克）

蔥 2 根（只取蔥綠部分，切片）

切半的中段培根 6 片

* 請閱讀標籤，確保為無麩質產品。

1. 戴上橡膠手套，將 6 大條墨西哥辣椒從中間對剖，成 12 塊。將籽和囊膜挖掉並丟棄。

2. 在碗中混合奶油乳酪、切達乳酪絲和蔥。用小湯匙或刮刀在墨西哥辣椒內填入奶油乳酪等餡料。為每塊墨西哥辣椒裹上 1 條培根，並用牙籤固定。

3. 將氣炸鍋預熱至約 163℃。

4. 分批烘烤，在炸鍋籃中鋪上 1 層鑲餡辣椒。烤約 12 分鐘，烤至辣椒軟化、培根變為棕色且酥脆，而且乳酪融化（若使用氣炸式烤箱，以約 149℃ 烘烤，時間維持不變）。在溫熱時享用。

每份：2 塊 · 熱量 95 · 脂肪 6.5 克 · 飽和脂肪 3.5 克 · 膽固醇 17 毫克 · 碳水化合物 3 克 · 纖維 0.5 克 · 蛋白質 6 克 · 糖 1 克 · 鈉 208 毫克

奶油乳酪蟹角
Crab and Cream Cheese Wontons

吃到這些蟹角就像得到全世界一樣！常見於美國的中式和泰式餐廳，這些填入蟹肉、奶油乳酪和蔥的香脆口感，好吃到讓你的味蕾跳起舞來。我的配方相對餐廳的外帶版本，有較多的蟹肉但卻減少奶油乳酪的含量，氣炸後變得更加酥脆，幾乎沒有油膩感！

減脂 1/3 的常溫奶油乳酪約 113 克

蟹肉塊 1 杯（約 71 克）（從殼裡將蟹肉挖乾淨）

切碎的蔥 2 根

切成細碎的大蒜 2 瓣

減鈉醬油 2 小匙

餛飩皮 15 張

打散的蛋白 1 大顆

泰式甜辣醬 5 大匙（沾醬）

1. 在碗中放入奶油乳酪、蟹肉、蔥、大蒜和醬油，用叉子攪拌至充分混合即為蟹肉混料。

2. 將 1 張餛飩皮擺在潔淨的平面上，尖端朝上，形成鑽石的形狀。將 1 大平匙的蟹肉混料舀至餛飩皮中央。用手指沾水，劃過餛飩皮邊緣，拿起餛飩皮的一角，直接對折形成三角形，輕輕將餛飩皮和餡料之間的空氣壓出，將邊緣密封固定。擺在一旁，其餘的餛飩皮和餡料也以同樣方式處理。為餛飩的 2 面刷上蛋白。

3. 將氣炸鍋預熱至約 171°C。

4. 分批烘烤，在炸鍋籃中鋪上 1 層奶油乳酪蟹角，烤約 8 分鐘，中途翻面，烤至金黃酥脆（若使用氣炸式烤箱，請以約 149°C 烘烤，時間維持不變）。趁熱搭配辣醬做為沾醬享用。

每份：3 顆蟹角＋1 大匙的醬・熱量 180・脂肪 4.5 克・飽和脂肪 2.5 克・膽固醇 29 毫克・碳水化合物 26 克・纖維 0.5 克・蛋白質 9 克・糖 7 克・鈉 577 毫克

Q
V
GF
K
FF

烤蛤蜊沾醬
Baked Clam Dip

如果你愛烤蛤蜊,那你一定會愛上這款香辣的濃稠沾醬,重點是一樣美味,卻不需要大費周章才能完成!這道用氣炸鍋製作的料理非常適合小型聚會,它總能討大家歡心,還不必整台烤箱預熱再燒烤熟成。我喜歡搭配生菜來享用這道沾醬,但它搭配全穀餅乾或烤脆片也很可口。

噴霧用油

含蛤蜊汁的切碎蛤蜊 2 罐(約 184 克)

一般或無麩質的日式麵包粉 1/3 杯

剁碎的中型大蒜 1 瓣

橄欖油 1 大匙

新鮮檸檬汁 1 大匙

Tabasco 辣椒醬 1/4 小匙

洋蔥粉 1/2 小匙

乾燥奧勒岡 1/4 小匙

現磨黑胡椒粉 1/4 小匙

鹽 1/8 小匙

甜味紅椒粉 1/2 小匙

現刨帕馬森乳酪 2 又 1/2 大匙

芹菜莖 2 根,切成約 5 公分的小段

1. 為 14 公分至 17 公分的圓形焗烤盤噴上噴霧用油。

2. 將 1 罐蛤蜊的水分瀝乾,和剩餘的罐裝蛤蜊(含湯汁)、日式麵包粉、大蒜、橄欖油、檸檬汁、Tabasco 辣椒醬、洋蔥粉、奧勒岡、黑胡椒粉、鹽、1/4 小匙的紅椒粉和 2 大匙的帕馬森乳酪一起放入碗中,拌勻後靜置 10 分鐘。移至焗烤盤中。

3. 將氣炸鍋預熱至約 163℃。

4. 將焗烤盤放入炸鍋籃,烤 10 分鐘。在表面撒上剩餘 1/4 小匙的紅椒粉和 1/2 小匙的帕馬森乳酪,再烤約 8 分鐘,烤至表面金黃(若使用氣炸式烤箱,溫度維持不變,烤 10 分鐘,接著再烤 2 至 3 分鐘)。請搭配芹菜段,趁熱一起享用。

苗條情報

在台灣不好買蛤蜊罐頭,用新鮮蛤蜊肉更好。

每份:1/4 杯沾醬 + 4 根芹菜莖 · 熱量 104 · 脂肪 3.5 克 · 飽和脂肪 1 克 · 膽固醇 28 毫克 · 碳水化合物 6 克 · 纖維 0.5 克 · 蛋白質 11 克 · 糖 0.5 克 · 鈉 118 毫克

起司蟹肉鑲蘑菇
Cheesy Crab-Stuffed Mushrooms

蟹肉與起司,這組合叫人怎麼能不愛呢?我將這美味的搭配放進我著名的鑲蘑菇中,打造出令人難以置信的美味開胃菜。可做為牛排的配菜,成為海陸大餐的有趣變化。

白蘑菇 16 大顆

橄欖油噴霧

鹽 1/4 小匙

蟹肉塊 1 杯(約 170 克)(從殼裡將蟹肉挖乾淨)

現刨的帕馬森乳酪 1/3 杯

一般或無麩質日式麵包粉 1/4 杯

蛋黃醬 3 大匙

碎蔥 2 大匙

打散的大型蛋 1 顆

剁碎的大蒜 1 瓣

美式海鮮調味粉(Old Bay seasoning)3/4 小匙

切碎的新鮮香芹(巴西里)1 大匙

莫札瑞拉乳酪絲 1/2 杯(約 57 克)

1. 用濕潤的紙巾將蘑菇擦乾淨。取下蒂頭,將其切碎,擺在一旁。將蘑菇噴上油並灑上鹽。

2. 在碗中混合蟹肉、帕馬森乳酪、日式麵包粉、蛋黃醬、切碎的蘑菇蒂、蔥、蛋、大蒜、美式海鮮調味粉和新鮮香芹。將餡料適量的堆在每顆蘑菇頭上(每顆約 2 大匙的餡料)。再加鋪上 1/2 大匙的莫札瑞拉乳酪絲,按壓以附著在蟹肉上。

3. 將氣炸鍋預熱至約 182℃。

4. 分批烘烤,在炸鍋籃中鋪上 1 層鑲餡蘑菇,烤 8 至 10 分鐘,烤至蘑菇軟化、蟹肉溫熱,而且乳酪呈現金黃色(若使用氣炸式烤箱,請以約 149℃烤約 10 分鐘)。趁熱享用。

苗 條 情 報

可提前製作、冷藏,享用前再加熱即可。

每份:2 個鑲餡蘑菇 · 熱量 125 · 脂肪 8 克 · 飽和脂肪 2.5 克 · 膽固醇 55 毫克 · 碳水化合物 4 克 · 纖維 0.5 克 · 蛋白質 10 克 · 糖 1 克 · 鈉 375 毫克

夏威夷蓋飯酥皮杯
Ahi Poke Wonton Cups

用氣炸鍋製作酥皮杯需要發揮一些創意，但用一些杯子蛋糕模和乾豆將餛飩皮往下壓住，出爐時就會酥脆得恰到好處。酥皮杯是用來享用這以鮪魚、酪梨和黃瓜製成的夏威夷蓋飯的理想容器。事實上這樣的搭配是如此美味，你可能會想將份量加倍！

餛飩皮 12 張

橄欖油噴霧

乾豆 3/4 杯（用來壓住酥皮杯）

低鈉醬油 2 大匙

烤芝麻油 1 小匙

是拉差辣椒醬（Sriracha sauce）1/2 小匙

可生食等級黃鰭鮪魚約 113 克，切成約 1.3 公分的丁狀

黃瓜丁 1/4 杯（去皮去籽）

哈斯酪梨約 1/2 顆（約 57 克），切成約 1.3 公分的丁狀

蔥片 1/4 杯

烤芝麻籽 1 又 1/2 小匙

1. 將每張餛飩皮放入 1 個鋁箔烤杯中，輕輕按壓中央和邊形成碗狀。為每張餛飩皮噴上少量的油。在每個烤杯中央加上滿滿 1 大匙的乾豆（這有助在烘烤期間壓住餛飩皮，將餛飩皮固定不動）。

2. 將氣炸鍋預熱至約 138℃。

3. 分批烘烤，在炸鍋籃中鋪上 1 層烤杯。烤 8 至 10 分鐘，烤至棕色酥脆（若使用氣炸式烤箱，請以約 121℃ 烘烤，時間維持不變）。小心地將烤杯取出，稍微放涼。移去豆子，將烤杯靜置一旁。

4. 同一時間，在碗中混合醬油、芝麻油和是拉差香甜辣椒醬，攪拌均勻，加入鮪魚、黃瓜、酪梨和蔥，輕輕拌勻。

5. 在每個烤杯中加入滿滿 2 大匙的黃鰭鮪魚混料和 1/8 小匙的烤芝麻籽。即可享用。

苗條情報

· 乾豆又稱脫水豆，是指各類可食的豆類種子，在西方國家來說，乾豆已普遍於日常的飲食中了。

· 「是拉差辣椒醬」，泰式風味的香甜辣椒醬，產地為美國加州，常用在海鮮料理中。

每份：3 個夏威夷蓋飯酥皮杯 · 熱量 147 · 脂肪 4.5 克 · 飽和脂肪 0.5 克 · 膽固醇 15 毫克 · 碳水化合物 17 克 · 纖維 2 克 · 蛋白質 10 克 · 糖 0.5 克 · 鈉 427 毫克

自製玉米片與莎莎醬

Homemade Chips and Salsa

要製作餐廳品質的玉米片與莎莎醬是如此簡單！這些玉米片只用氣炸鍋烤幾分鐘，就能酥脆地出爐。非常適合做為零食直接吃或搭配沾醬（搭配酪梨醬也很美味！），而且比起你在店面購買的玉米片要可口許多。我喜歡灑上萊姆辣椒調味鹽（如**Tajin**品牌），可以帶來萊姆味，就算只灑上少許鹽也很好吃。

莎莎醬

小顆洋蔥 1/4 顆

小顆大蒜 2 瓣

墨西哥辣椒 1/2 根（去籽和囊膜，但想吃辣的可以保留）

番茄丁 1 罐（約 411 克，不用將湯汁倒掉，但不要羅勒）

新鮮香菜少許

萊姆汁 1 顆

鹽 1/4 小匙

玉米片

墨西哥玉米餅 6 張

橄欖油噴霧

萊姆辣椒調味鹽（如 Tajín 或 Trader Joe' s 品牌）3/4 小匙

1. **莎莎醬**：用食物調理機攪拌洋蔥、大蒜、墨西哥辣椒、番茄丁（含汁）、香菜、萊姆汁和鹽，攪拌幾分鐘，至充分混合且仍保有小丁狀的食材感（勿過度攪打），再移至上菜碗中。

2. **玉米片**：玉米餅的 2 面噴上油。將玉米餅疊成整齊的 1 堆，用鋒利的大刀將玉米餅切半，接著切成 1/4，然後再切 1 次，形成相等的 8 個三角形（共 48 片）。鋪在工作檯上，用萊姆辣椒調味鹽為 2 面調味。

3. 將氣炸鍋預熱至約 204℃。

4. 分批烘烤，在炸鍋籃中鋪上 1 層三角玉米餅，烤 5 至 6 分鐘，中途搖動炸鍋籃，烤至金黃酥脆（小心不要燒焦，若使用氣炸式烤箱，請以約 177℃烤 4 至 5 分鐘）。放涼幾分鐘後搭配莎莎醬享用。

每份：12 片玉米片＋3/4 杯莎莎醬・熱量 121・脂肪 1 克・飽和脂肪 0 克・膽固醇 0 毫克・碳水化合物 25 克・纖維 3.5 克・蛋白質 2 克・糖 4 克・鈉 698 毫克

Q
V
GF
DF
K

墨西哥綠莎莎醬
Tomatillo Salsa Verde

這是很棒的莎莎青醬,幾乎跟任何東西都百搭。很容易製作,而且還不需要加熱整台烤箱。我喜歡用這款莎莎醬搭配玉米片(見46頁),但搭配雞肉、漢堡、炒蛋、烤蔬菜、牛排,或只是站在冰箱旁用湯匙挖著吃,都很美味。老實說,我找不到無法搭配這款莎莎醬的食物。嚐過之後,你再也不會想買罐裝的莎莎醬了!

波布拉諾辣椒(poblano pepper)1
　大顆

墨西哥辣椒(jalapeño)1 大根

小顆洋蔥 1/4 顆

大蒜 2 瓣

橄欖油噴霧

墨西哥綠番茄(tomatillo)約 340 克
　(去皮)

切碎的新鮮香菜 3 大匙

糖 1/4 小匙(生酮飲食者可省略)

鹽 1 小匙

1. 將氣炸鍋預熱至約 204℃。

2. 為波布拉諾辣椒、墨西哥辣椒、洋蔥和大蒜噴上橄欖油,接著移至炸鍋籃,烤約 14 分鐘,中途翻面,直到表面烤至金黃(若使用氣炸式烤箱,溫度維持不變,烤 10 分鐘)。

3. 將波布拉諾辣椒取出,以鋁箔紙包起,放涼 10 分鐘。將剩餘的蔬菜從炸鍋籃中取出,放入食物調理機中。

4. 為墨西哥綠番茄噴上油,放入炸鍋籃。烤 10 分鐘,中途翻面,烤至焦黑(若使用氣炸式烤箱,溫度和時間維持不變)。和其他蔬菜一起移至食物調理機中。

5. 將包裹波布拉諾辣椒的鋁箔紙打開,將波布拉諾辣椒去皮去籽,連同香菜、糖(若有使用的話)和鹽一起放入食物調理機中,攪拌至食材約略碎,加入 5 至 6 大匙的水,攪拌至形成粗泥狀,將莎莎醬移至餐盤即可。

註:墨西哥綠番茄在中國也被稱為「燈籠西紅柿」,學名為粘果酸漿,屬茄科酸漿屬的植物。外型雖像番茄,但其實是番茄的遠親。

每份:1/4 杯 · 熱量 42 · 脂肪 1 克 · 飽和脂肪 0 克 · 膽固醇 0 毫克 · 碳水化合物 8 克 · 纖維 2 克 · 蛋白質 1 克 · 糖 5 克 · 鈉 284 毫克

Q
GF
DF

馬背上的惡魔
Devils on Horseback

料理規則第353條：任何用培根裹起的東西肯定好吃！

這道名稱非常古老的簡單開胃菜，同時結合了鹹甜味以及酥脆綿密的口感。你可提前準備黑棗乾，然後在客人抵達時再快速放入氣炸鍋中，做為簡單的招待小菜。

去籽的小黑棗乾 24 顆（約 128 克）

藍紋乳酪碎屑 1/4 杯（不含乳製品選項請參考苗條情報）

中段培根 8 片，橫切成 3 片

1. 將黑棗乾縱向切半，但不要切到底。在每顆黑棗乾中央擺上 1/2 小匙的乳酪。每顆黑棗乾用 1 片培根捲起，用牙籤固定培根。

2. 將氣炸鍋預熱至約 204℃。

3. 分批烘烤，在炸鍋籃中鋪上 1 層黑棗乾，烤約 7 分鐘，中途翻面，烤至培根熟透且酥脆（若使用氣炸式烤箱，溫度維持不變，烤 6 分鐘）。稍微放涼後在溫熱時享用。

苗條情報

· 亦可用椰棗取代黑棗乾。

· 若要製作不含乳製品的版本，可將乳酪換成杏仁片。

每份：2 個黑棗乾 · 熱量 55 · 脂肪 2.5 克 · 飽和脂肪 1 克 · 膽固醇 4 毫克 · 碳水化合物 7 克 · 纖維 1 克 · 蛋白質 3 克 · 糖 4 克 · 鈉 119 毫克

鑲餡櫛瓜皮
Loaded Zucchini Skins

這些櫛瓜裡滿滿都是你平常會在馬鈴薯上擺放的配料，你絕對不會想念碳水化合物。我的大女兒卡瑞娜很喜愛櫛瓜，她說櫛瓜是她近期最愛的食物，甚至超越披薩。哇！鑲餡櫛瓜皮可以當成絕佳的開胃菜、配菜，或下午茶點心，此外，它們也是讓你的孩子多吃蔬菜的好方法。

中段培根 3 片

櫛瓜 2 大條（每條約 255 克）

橄欖油噴霧

鹽 3/4 小匙

蒜粉 1/4 小匙

甜味紅椒粉 1/4 小匙

現磨黑胡椒粉

切達乳酪絲 1 又 1/4 杯（約 142 克）

淡味酸奶油或低脂的原味希臘式優格 8 小匙

蔥 2 根（只取蔥綠部分，切片）

1. 將氣炸鍋預熱至約 177℃。

2. 將培根放入炸鍋籃。烤約 10 分鐘，中途翻面，烤至酥脆（若使用氣炸式烤箱，溫度維持不變，烤約 8 分鐘）。擺在紙巾上晾乾，接著約略切碎。

3. 將櫛瓜縱向對半切，接著斜切成 8 塊。每塊櫛瓜挖去部分果肉，留下約 0.6 公分厚的果皮（果肉保留作他用，例如加在歐姆蛋中或煮湯）。

4. 將櫛瓜皮面朝下放在工作檯上。2 面都噴上橄欖油，接著用鹽為整塊櫛瓜皮調味，用蒜粉、紅椒粉和適量黑胡椒粉為切面處調味。

5. 再度將氣炸鍋預熱至約 177℃。

6. 分批烘烤，在炸鍋籃中鋪上 1 層櫛瓜，烤約 8 分鐘（或烤至皮脆肉軟）。從炸鍋籃中取出，在每塊櫛瓜皮內放上 2 又 1/2 大匙的切達乳酪，再鋪上培根。

7. 再度分批烘烤，將鑲餡櫛瓜放回炸鍋籃，鋪成 1 層，烤至乳酪融化，約 2 分鐘（若使用氣炸式烤箱，溫度和時間維持不變）。為每個櫛瓜鋪上 1 小匙的酸奶油，撒上蔥，即可享用。

每份：2 個櫛瓜皮 · 熱量 101 · 脂肪 7.5 克 · 飽和脂肪 4.5 克 · 膽固醇 21 毫克 · 碳水化合物 3 克 · 纖維 1 克 · 蛋白質 6 克 · 糖 2 克 · 鈉 269 毫克

花椰菜炸飯球
Cauliflower Rice Arancini

我愛義大利的炸飯球，傳統上會填入飯、香腸和乳酪等餡料，接著再裹上麵包粉油炸。我示範的清淡版本則是改用花椰菜取代米飯，不油炸，而是放入氣炸鍋烤至呈現完美的金黃色（使用的油量少很多，熱量也減少許多）。訣竅是在花椰菜烤熱時，在混料中添加莫札瑞拉乳酪——乳酪的作用就像膠水，可以將所有材料黏在一起，較容易揉成球狀。

甜味義式雞肉香腸 *2 條（約 78 克）（去掉腸衣）

冷凍白花椰飯 4 又 1/2 杯

鹽 1/2 小匙

義大利番茄紅醬 1 又 1/4 杯

部分脫脂的莫札瑞拉乳酪絲 *1 杯（約 113 克）

噴霧用油

大雞蛋 2 顆

一般或無麩質麵包粉 1/2 杯

現刨羅馬諾（Pecorino Romano）或帕馬森乳酪 2 大匙

* 請閱讀標籤以確保為無麩質產品。

1. 用中大火加熱煎鍋，加入雞肉香腸煎煮，用湯匙將肉盡可能分切成小塊直到煮熟，約 4 至 5 分鐘。

2. 加入白花椰飯、鹽和 1/4 的義大利番茄紅醬，轉中火，不時攪拌煮至白花椰軟化且熟透，約 6 至 7 分鐘。離火，在煎鍋中加入莫札瑞拉乳酪絲拌勻。稍微放涼至可以輕易用手握起但仍溫熱的狀態，約 3 至 4 分鐘。

3. 為量杯噴上噴霧用油至 1/4 杯，填入白花椰混料並壓實，將表面抹平。用小湯匙舀至掌心揉成球狀。擺在盤子上，靜置一旁。剩餘的白花椰也以同樣方式處理（可做 12 球）。

4. 在小碗中將蛋和 1 大匙的水打散成蛋液。在另 1 個碗中混合麵包粉和羅馬諾乳酪。

5. 依序將白花椰飯球先浸入蛋液，接著滾上麵包粉，輕輕按壓，讓麵包粉附著。移至工作檯上，為每顆白花椰飯球噴上油。

6. 將氣炸鍋預熱至約 204℃。

7. 分批烘烤，在炸鍋籃中鋪上 1 層白花椰飯球，烤約 9 分鐘，中途翻面，烤至呈現金黃色且中央夠熱（若使用氣炸式烤箱，請以約 177℃烤 6 至 7 分鐘）。

8. 同一時間，將剩餘 1 杯的義大利番茄紅醬加熱做為擺盤用。

9. 建議搭配義大利番茄紅醬沾醬一起享用。

每份：3 顆球 ＋ 1/4 杯義大利番茄紅醬 · 熱量 293 · 脂肪 13 克 · 飽和脂肪 5.5 克 · 膽固醇 140 毫克 · 碳水化合物 21 克 · 纖維 4 克 · 蛋白質 23 克 · 糖 5 克 · 鈉 887 毫克

薩塔酥脆鷹嘴豆

Crispy Za'atar Chickpeas

烤鷹嘴豆是相當健康，且公認最容易上癮的零嘴，用氣炸鍋製作真的快速又簡單，烤好後的鷹嘴豆就像堅果般鬆脆。在這裡，我用蒜粉、薩塔——混合了鹽膚木、百里香、芝麻和鹽的地中海綜合香料來攪拌。你也可以改用任何你喜歡的香料組合，例如印度風味（孜然、咖哩粉、蒜粉和鹽），或單純的蒜味（蒜粉、鹽和胡椒），這道料理充滿了無窮的可能性。

鷹嘴豆1罐（約425克），清洗並將水分瀝乾*

鹽1/8小匙

薩塔（za' atar）綜合香料1小匙

蒜粉1/4小匙

特級初榨橄欖油噴霧

* 請閱讀標籤，以確保為無麩質產品。

1. 將鷹嘴豆擺在鋪有紙巾的盤中。用紙巾輕拍，靜置至完全乾燥。

2. 在小碗中混合鹽、薩塔綜合香料和蒜粉。

3. 將氣炸鍋預熱至約191℃。

4. 將一半的鷹嘴豆放入炸鍋籃內，鋪成1層。烘烤，每5分鐘搖動1次炸鍋籃，烤至完全鬆脆（不再濕潤），且外皮呈現金棕色，約12分鐘（若使用氣炸式烤箱，請以約177℃烤10分鐘）。

5. 將鷹嘴豆移至碗中。整個噴上少量橄欖油，趁熱拌入香料鹽。在第2批烤好時，噴上油，拌入剩餘香料。放涼後在常溫下食用。

苗條情報

· 薩塔是類似中式五香粉的綜合香料，用途很廣，可以為肉類、海鮮、蔬菜、蛋等調味。

· 你可以自製薩塔混合香料，混合1大匙的乾燥百里香、鹽膚木粉、孜然粉和烤芝麻籽，再加上1小匙的鹽（鹽膚木在台灣較少見，可於中藥行購買的到）。

每份：1/2杯 · 熱量118 · 脂肪2克 · 飽和脂肪0克 · 膽固醇0毫克 · 碳水化合物20克 · 纖維4克 · 蛋白質6克 · 糖0克 · 鈉226毫克

蒜結麵包
Garlic Knots

這些輕軟的蒜結麵包嚐起來就像是剛從披薩店出爐的一樣，但它們卻是完全手工，採用簡單的無酵母貝果麵團配方自製的。無須發酵，用不著花俏的攪拌機，更不必等候外送員上門。只要手揉、捲起，再用氣炸鍋烘烤就行。它們和番茄很搭：我的家人們愛死用夏季番茄沙拉來搭配這些蒜結麵包一起享用，而我喜歡搭配1碗熱騰騰的番茄湯。最傳統的吃法是做為開胃菜，並在一旁搭配義大利番茄紅醬。

中筋或純白全麥麵粉1杯（約142克），再加上工作檯用少許（無麩質選項請見苗條情報）

泡打粉 2 小匙

鹽 3/4 小匙

零脂希臘式優格（非一般優格）1杯，將所有水分瀝乾

橄欖油噴霧

無鹽奶油 2 小匙

剁碎的大蒜 3 瓣

刨碎的帕馬森乳酪 1 大匙

切成細碎的新鮮香芹（巴西里）1 大匙

溫熱的義大利番茄紅醬（非必要），擺盤搭配用

1. 在大碗中攪拌麵粉、泡打粉和鹽。加入優格，用叉子或刮刀攪拌至充分混合（看起來像小麵屑）。

2. 在工作檯上撒上少量麵粉。將麵團移至工作檯上，手揉 2 至 3 分鐘，揉至光滑且略有筋性（此時麵團不黏手）。將麵團分成 8 球，將每顆麵球滾成約 23 公分長的繩狀。將每條繩子綁成「結」球。擺在工作檯上，在表面噴上橄欖油。

3. 將氣炸鍋預熱至約 121℃。

4. 分批烘烤，在炸鍋籃中鋪上 1 層麵結，烤 22 至 24 分鐘（無須翻面），烤至表面金黃（若使用氣炸式烤箱，溫度維持不變，烤 18 至 20 分鐘）。從炸鍋籃中取出，放涼 5 分鐘（內部餘溫會繼續熟成）。

5. 同一時間，在不沾鍋中以小火將奶油加熱至融化，加入大蒜翻炒至呈現金黃色，約 2 分鐘。

6. 在鍋中將麵結拌上融化大蒜奶油（或用刷子為麵結刷上大蒜奶油）。若蒜結太乾，可再噴上橄欖油。撒上帕馬森乳酪和香芹。可依個人喜好搭配義大利番茄紅醬做為沾醬享用。

每份：1 個蒜結‧熱量 85‧脂肪 1.5 克‧飽和脂肪 0.5 克‧膽固醇 3 毫克‧碳水化合物 14 克‧纖維 0.5 克‧蛋白質 5 克‧糖 1 克‧鈉 256 毫克

苗條情報

・若要製作無麩質的蒜結麵包，可使用 Cup4Cup 品牌的麵粉並將烹調時間增加為 5 分鐘。麵團質地會有所不同，也較難形成蒜結，因此只要揉成麵包棒即可。

・在測試這道配方時，我使用的是 Fage 和 Stonyfield 品牌的優格，效果都很棒；Chobani 或其他品牌的優格可能會形成黏黏的麵團。

每份：6 片 + 2 大匙沙拉醬 · 熱量 99 · 脂肪 5.5 克 · 飽和脂肪 1 克 · 膽固醇 51 毫克 · 碳水化合物 10 克 · 纖維 1 克 · 蛋白質 3 克 · 糖 2 克 · 鈉 529 毫克

酥炸醃黃瓜佐肯瓊農場沙拉醬
Fried Pickle Chips
with Cajun Buttermilk Ranch

酥炸醃黃瓜在美國南部真的很受歡迎，來自紐約的我，想當然耳直到長大後才發現它們的存在。誰會料到炸過的醃黃瓜竟如此美味？更棒的是，這些氣炸過的醃黃瓜片不但滋味酥脆可口，還不會油膩膩。它們是漢堡或三明治的爽口配菜，也很適合做為有趣且獨特的開胃菜。也別忘了可以搭配肯瓊農場沙拉醬做為沾醬享用。

蒔蘿醃黃瓜片 24 片

一般或無麩質的日式麵包粉 1/3 杯

玉米粉 2 大匙

無鹽肯瓊香料 1 小匙（我喜歡香料獵人 Spice Hunter 品牌）

乾燥香芹（巴西里）1 大匙

打散的大雞蛋 1 顆

橄欖油噴霧

肯瓊農場沙拉醬

低脂的白脫牛奶（buttermilk）1/3 杯

淡味蛋黃醬 3 大匙

碎蔥 3 大匙

無鹽肯瓊香料 3/4 小匙

蒜粉 1/8 小匙

洋蔥粉 1/8 小匙

乾燥香芹 1/8 小匙

鹽 1/8 小匙

現磨黑胡椒粉

1. 將醃黃瓜擺在紙巾上，吸去多餘的水分，接著拍乾（如此一來，醃黃瓜出爐時才不會濕軟）。

2. 在碗中混合日式麵包粉、玉米粉、肯瓊香料和香芹。將蛋液放在另 1 個小碗中。

3. 依序將 1 片醃黃瓜片沾裹蛋液，接著裹上麵包粉混料，輕輕按壓，讓麵包粉附著，擺在工作檯的一旁。剩餘的醃黃瓜片也以同樣方式處理。再為醃黃瓜片的 2 面噴上油。

4. 將氣炸鍋預熱至約 204℃。

5. 分批烘烤，在炸鍋籃中鋪上 1 層醃黃瓜片，烤 8 分鐘，中途翻面，烤至金黃酥脆（若使用氣炸式烤箱，請以約 191℃烘烤，時間維持不變）。

6. **同一時間，製作沙拉醬**：在小碗中放入酪奶、蛋黃醬、蔥、肯瓊香料、蒜粉、洋蔥粉、乾燥香芹、鹽和適量黑胡椒粉全部拌勻，即為沾醬可搭配酥炸醃黃瓜片享用。

苗條情報

白脫牛奶，是在牛奶製成奶油過程中產生的低脂乳製品，味道與優格稍有類似，較一般牛奶來得濃，卻沒有鮮奶油濃稠，常用在各式烘焙產品中。

家禽 POULTRY

帕馬森乳酪卡布里雞肉沙拉
Chicken Parmesan Caprese

我最愛的 2 道菜——帕馬森乳酪雞肉和卡布里沙拉，都集結在這由經典的焗烤雞排變化而來的有趣版本中了！烤櫻桃番茄和新鮮羅勒為這道菜賦予清新的風味，最後再淋上甜辣的巴薩米克香醋就大功告成了。

番茄

切半的原種櫻桃番茄（heirloom cherry tomatoes）約 480 克

稍微壓碎的大蒜 4 大瓣

橄欖油 1 小匙

鹽 1/4 小匙

現磨黑胡椒粉

雞肉

去骨去皮雞胸肉 2 塊（約 227 克）

鹽 1/2 小匙

現磨黑胡椒粉

現成青醬 *1 大匙

打散的大雞蛋 1 顆

全麥或無麩質調味麵包粉 1/2 杯

現刨帕馬森乳酪 2 大匙

橄欖油噴霧

新鮮的莫札瑞拉乳酪 113 克，切成薄片

巴薩米克香醋 2 大匙

切碎的新鮮羅勒（裝飾用）

* 請閱讀標籤，以確保為無麩質產品。

1. 將氣炸鍋預熱至約 204℃。

2. **番茄**：在碗中混合番茄、大蒜、油、鹽和黑胡椒粉，攪拌至番茄被調味料均勻包覆，移至炸鍋籃，烤 4 至 5 分鐘，搖動炸鍋籃，續烤幾分鐘烤至番茄軟化（若使用氣炸式烤箱，溫度維持不變，烤 5 至 6 分鐘）。將炸番茄擺在一旁，用紙巾將炸鍋籃擦乾淨。

3. **同一時間，準備雞肉**：將每塊雞胸肉橫向對半切，共切成 4 塊。用 2 張羊皮紙或保鮮膜包住將雞肉，用厚重的煎鍋或肉錘捶打至約 0.6 公分的厚度時，用鹽和適量的黑胡椒粉為 2 面調味，再均勻地鋪上青醬。

4. 將蛋液放入淺碗中。在另 1 個淺碗中混合麵包粉和帕馬森乳酪。依序將雞肉沾取蛋液，接著裹上麵包粉混料，輕輕按壓，讓麵粉包附著。為 2 面噴上油。

5. 再度將氣炸鍋預熱至約 204℃。

6. 分批烘烤，將雞排放入炸鍋籃。烤 7 分鐘，中途翻面，烤至表面金黃且熟透。為雞排鋪上約 28 克的莫札瑞拉乳酪和 1/4 的炸番茄。再放回炸鍋籃，分批烘烤，烤約 2 分鐘，讓乳酪融化（若使用氣炸式烤箱，溫度維持不變，雞肉烤 6 分鐘，並用 1 至 1.5 分鐘融化乳酪）。

7. 從氣炸鍋中取出，淋上巴薩米克香醋，鋪上羅勒後，即可享用。

苗 條 情 報

「原種櫻桃番茄」其實就是台灣常見的彩色小番茄，可於市場或一般超市購買得到。

每份：1 塊雞排．熱量 364．脂肪 15.5 克．飽和脂肪 6 克．膽固醇 144 毫克．碳水化合物 20 克．纖維 3 克．蛋白質 36 克．糖 10 克．鈉 868 毫克

帕馬森酥炸火雞排佐芝麻葉沙拉

Parmesan-Crusted Turkey Cutlets with Arugula Salad

薄雞排裹上麵包粉油炸，再鋪上芝麻菜和檸檬，是我全世界最愛的組合。事實上，外出用餐時我一定會點這道菜！氣炸的火雞排出爐時就像油煎的一樣美味，只是較清淡也更健康。若你找不到火雞排，改用雞胸肉或豬肉也有同樣出色的效果。

火雞胸肉排 4 塊（共約 510 克）

鹽和現磨黑胡椒粉

大雞蛋 1 顆，打散

一般或無麩質的調味麵包粉 1/2 杯

刨碎的帕馬森乳酪 2 大匙

橄欖油噴霧

嫩芝麻葉 6 杯（約 113 克）

新鮮檸檬汁 1 大匙，再加上檸檬 1 顆（切塊擺盤用）

帕馬森乳酪刨花（非必要）

1. 用 2 張羊皮紙或保鮮膜包住將 1 塊雞排，使用肉錘或厚重的煎鍋捶至約 0.6 公分的厚度，再用 1/2 小匙的鹽和適量的黑胡椒粉為調味。

2. 將蛋液放入中型淺碗中。在另 1 個碗中混合麵包粉和帕馬森乳酪。用火雞肉排先沾取蛋液，接著裹上麵包粉混料，輕輕按壓，讓麵包粉附著，抖落多餘的麵包粉，擺在工作檯上。為 2 面噴上油。

3. 將氣炸鍋預熱至約 204℃。

4. 分批烘烤，將火雞肉排放入炸鍋籃，烤約 8 分鐘，中途翻面，烤至金黃色且中央熟透（若使用氣炸式烤箱，溫度和時間維持不變）。

5. 將嫩芝麻葉與油、檸檬汁、1/4 小匙的鹽和適量黑胡椒粉一起拌勻。

6. 擺盤時，在每個盤中放入 1 塊雞排，鋪上 1 又 1/2 杯的芝麻葉沙拉。搭配檸檬角，並依個人喜好鋪上一些帕馬森乳酪刨花享用。

每份：1 塊火雞肉排＋1 又 1/2 杯沙拉 · 熱量 244 · 脂肪 6.5 克 · 飽和脂肪 1.5 克 · 膽固醇 127 毫克 · 碳水化合物 9 克 · 纖維 1 克 · 蛋白質 36 克 · 糖 2 克 · 鈉 534 毫克

雙人香草美國春雞
Herbed Cornish Hen for Two

美國春雞感覺準備起來有點麻煩,但烹調這些小雞肉其實比你想像的還要容易。當你需要2人份簡便晚餐時,這道美味的主菜好適合需求。氣炸鍋會讓烤雞形成漂亮的金黃褐色,口感濕潤、柔嫩,滋味無窮。而且只需要30分鐘。搭配沙拉和烤蔬菜簡直完美,例如蘆筍、茴香或球芽甘藍。若你找不到美國春雞,也可用帶骨雞胸肉來取代。

美國春雞 1 隻(約 907 克)

孜然粉 1/2 小匙

乾燥奧勒岡 1/2 小匙

蒜粉 1/2 小匙

鹽 1/2 小匙

現磨黑胡椒粉 1/8 小匙

融化的無鹽奶油 1 小匙

1. 將春雞的內臟取出並保留作他用(很適合用來煮高湯)。用廚房剪刀剪下頸部,並沿著脊骨將脊骨 2 邊剪開,去掉脊骨,再修掉多餘的肥肉,接著將春雞沿著胸骨切半。切去翅膀最尖端。

2. 將孜然粉、奧勒岡、蒜粉、鹽和黑胡椒粉混合。

3. 將春雞的雞皮面朝上擺在工作檯上,表面刷上融化奶油,接著以香料調味。

4. 將氣炸鍋預熱至約 193°C。

5. 將春雞移至炸鍋籃,雞皮面朝下(容量 5.2 公升以上的氣炸鍋應能同時容納 2 塊切半雞肉),烤約 30 分鐘,中途翻面,烤至金黃且內部溫度達約 74°C(若使用氣炸式烤箱,溫度和時間維持不變)。蓋上鋁箔紙,靜置 5 分鐘後再享用。

苗條情報

· 若要讓這道菜變得更清爽,可去皮,這樣每份可去掉約 250 卡的熱量和 25 克的脂肪。

· 實際烤的時間要看春雞大小,可用竹籤插雞腿試熟度,還有血色就要續烤至熟。

每份:約 184 克的雞肉 · 熱量 499 · 脂肪 35.5 克 · 飽和脂肪 10.5 克 · 膽固醇 246 毫克 · 碳水化合物 1 克 · 纖維 0 克 · 蛋白質 41 克 · 糖 0 克 · 鈉 400 毫克

菲律賓醋燒雞佐酪梨莎莎醬

Adobo-Rubbed Chicken with Avocado Salsa

有了氣炸鍋,想料理軟嫩且熟到恰到好處的雞胸肉,就只需要幾個簡單的步驟(我敢說連手殘的人都能做到)。首先,用加鹽的溫水浸泡雞肉,醃漬調味。接下來為雞肉抹上香料,賦予料理濃郁風味和美麗顏色。最後,一切就交給氣炸鍋了,均勻且快速地烘烤雞肉!這個雞肉可用在沙拉,或是任何需要雞肉的配方中,例如80頁的墨西哥起司綠辣椒酥炸雞卷。

雞肉

鹽

去皮去骨雞胸肉 4 塊(約 170 克)

蒜粉 3/4 小匙

洋蔥粉 1/2 小匙

孜然粉 1/2 小匙

安丘辣椒粉 1/2 小匙

甜味紅椒粉 1/2 小匙

乾燥奧勒岡 1/2 小匙

碎紅椒片 1/8 小匙

橄欖油噴霧

酪梨莎莎醬

切成碎丁的紅洋蔥 1/2 杯

新鮮萊姆汁 3 大匙

切丁酪梨約 283 克(中型酪梨 2 顆)

切碎新鮮香菜 1 大匙

鹽

1. **雞肉**:在大碗中裝入溫水和 1/4 杯的鹽,攪拌至鹽溶解,將水放涼至常溫時,放入雞肉,浸泡冷藏至少 1 小時以上。將雞肉從鹽水中取出,用紙巾吸乾水份,將鹽水倒掉。

2. 在碗中混合 3/4 小匙的鹽、蒜粉、洋蔥粉、孜然粉、安丘辣椒粉、紅椒粉、奧勒岡和紅椒片。先為雞肉的每 1 面噴上油,接著抹上香料混料。

3. 將氣炸鍋預熱至約 193℃。

4. 分批烘烤,將雞胸肉放入炸鍋籃,烤約 10 分鐘,中途翻面,烤至金黃色且熟透(若使用氣炸式烤箱,請以約 177℃烘烤,時間維持不變)。

5. **同一時間,製作酪梨莎莎醬**:在中型碗中混合洋蔥和萊姆汁,拌入酪梨和香菜,並以 1/4 小匙的鹽調味。

6. 將莎莎醬淋在烤好的雞肉上,一起享用。

每份:1 塊雞胸肉+ 1/2 杯莎莎醬 · 熱量 324 · 脂肪 15 克 · 飽和脂肪 2.5 克 · 膽固醇 109 毫克 · 碳水化合物 0 克 · 纖維 5.5 克 · 蛋白質 38 克 · 糖 2 克 · 鈉 490 毫克

Q
GF
DF
K

無麵衣調味雞柳條
Naked Seasoned Chicken Tenders

讓這些雞柳條滑順多汁的訣竅就是塗上少許蛋黃醬,這有助讓香料附著在肉上,出爐時便會呈現軟嫩且無窮的滋味。這道料理很適合搭配蔬菜做為晚餐,可以鋪在沙拉上,甚至做為備餐。我這次的靈感來自義大利,使用煙燻味的香料混料,但我也很喜歡用鹽、蒜粉、乾燥奧勒岡和帕馬森乳酪來調味,你也能用任何的香料組合為雞肉調味。

調味

鹽 1 小匙

蒜粉 1/2 小匙

洋蔥粉 1/2 小匙

辣椒粉 *1/2 小匙

甜味紅椒粉 1/2 小匙

現磨黑胡椒粉 1/4 小匙

雞肉

雞柳條 8 條(約 454 克)

蛋黃醬 2 大匙

* 請閱讀標籤,以確保為無麩質產品。

1. **調味**:在碗中混合鹽、蒜粉、洋蔥粉、辣椒粉、紅椒粉和黑胡椒粉。

2. **雞肉**:將雞肉放入碗中,與蛋黃醬拌勻,直到雞肉被蛋黃醬完全包裹住,接著撒上調味混料。

3. 將氣炸鍋預熱至約 191°C。

4. 分批烘烤,在炸鍋籃中鋪上 1 層雞肉,烤 6 至 7 分鐘,中途翻面,烤至內部熟透(若使用氣炸式烤箱,溫度和時間維持不變)。即可享用。

每份:2 條雞柳條 · 熱量 183 · 脂肪 8.5 克 · 飽和脂肪 1.5 克 · 膽固醇 75 毫克 · 碳水化合物 0 克 · 纖維 0 克 · 蛋白質 24 克 · 糖 0 克 · 鈉 457 毫克

醃黃瓜雞柳條
Pickle-Brined Chicken Tenders

我的家人朋友們都很愛醃黃瓜。當我說我們每個月會用掉好幾罐,這一點也不誇張。而且我們不會浪費剩下的醃黃瓜汁,它們是脆皮雞柳條的絕佳滷汁,能讓肉質變得超級多汁柔軟。

雞柳條 12 條(約 695 克)

罐頭醃黃瓜汁 1 又 1/4 杯,如有需要可加更多

大雞蛋 1 顆

大雞蛋白 1 顆

鹽 1/2 小匙

現磨黑胡椒

一般或無麩質的調味麵包粉 1/2 杯

一般或無麩質的調味日式麵包粉 1/2 杯

橄欖油噴霧

1. 將雞肉放在有深度的盤中,用醃黃瓜汁(足以完全覆蓋的量)淹過,加蓋,冷藏醃漬 8 小時。

2. 將雞肉取出,並用廚房紙巾完全吸乾(醃漬過的湯汁可丟棄)。

3. 在碗中將全蛋、蛋白、鹽和適量的胡椒一起攪打均勻。另在一淺碗中混合 2 種麵包粉。

4. 依序將 1 條雞柳條沾取混合的蛋液,接著裹上麵包粉,輕輕按壓,讓麵包粉附著。抖去多餘的麵包粉,擺在工作檯上。在雞肉的兩面噴上大量的油。

5. 將氣炸鍋預熱至約 204°C。

6. 分批烘烤,在炸鍋籃中鋪上 1 層雞肉,烤 10 至 12 分鐘,中途翻面,烤至熟透、酥脆且呈現金黃色(若使用氣炸式烤箱,請以同樣溫度烤約 10 分鐘)。即可享用。

每份:3 條雞柳條 · 熱量 257 · 脂肪 5.5 克 · 飽和脂肪 1.5 克 · 膽固醇 137 毫克 · 碳水化合物 14 克 · 纖維 1 克 · 蛋白質 35 克 · 糖 1 克 · 鈉 742 毫克

Q
GF
DF

亞洲土耳其肉丸佐海鮮醬

Asian Turkey Meatballs with Hoisin Sauce

土耳其火雞肉丸充滿了香菜、蔥、薑、蒜、醬油及芝麻油等豐富滋味，淋上美味的海鮮醬更將風味提升至另一個層次！非常適合搭配糙米、櫛瓜螺旋切片或白花椰飯做為主菜。以牙籤串起，也可做為簡單的派對餐點。

肉丸

減脂 93% 的火雞絞肉約 695 克

一般或無麩質的日式麵包粉 1/4 杯

切碎的蔥 3 根，再加上裝飾用蔥少許

切碎的新鮮香菜 1/4 杯

大雞蛋 1 顆

刨碎生薑 1 大匙

剁碎大蒜 1 瓣

減鈉醬油 * 或日本溜醬油 1 大匙

烤芝麻油 2 小匙

鹽 3/4 小匙

橄欖油噴霧

海鮮醬

海鮮醬 *2 大匙

新鮮柳橙汁 2 大匙

減鈉醬油 * 或溜醬油 1 大匙

* 請閱讀標籤，以確保為無麩質產品。

1. **肉丸**：在大碗中放入火雞絞肉、日式麵包粉、蔥、香菜、蛋、薑、大蒜、醬油、芝麻油和鹽，用手輕輕混合均勻，再搓成 12 顆肉丸（每顆 1/4 杯量），噴上油。

2. 將氣炸鍋預熱至約 193°C。

3. 分批烘烤，在炸鍋籃中鋪上 1 層肉丸，烤約 9 分鐘，中途翻面，烤至中間熟透且呈現棕色（若使用氣炸式烤箱，請以約 177°C烤約 12 分鐘）。

4. **同一時間，製作海鮮醬**：在小燉鍋中混合海鮮醬、柳橙汁和醬油，以中小火煮沸。將火力調小，煮至醬汁略為濃縮，約 2 至 3 分鐘。

5. 為肉丸淋上醬汁，灑上蔥後即可享用。

每份：3 個肉丸 · 熱量 313 · 脂肪 16.5 克 · 飽和脂肪 4 克 · 膽固醇 158 毫克 · 碳水化合物 10 克 · 纖維 1 克 · 蛋白質 31 克 · 糖 4 克 · 鈉 755 毫克

義式奶油酸豆檸檬雞排
Chicken Piccata

「義式奶油酸豆檸檬雞排」是經典的義大利菜。傳統上會為雞肉裹上麵粉，再用大量的奶油和油來煎。這個版本的靈感自美食作家伊娜·高頓（Ina Garten）的配方，以裹上麵包粉的雞排製成（使用麵包粉而非麵粉，實際上我的家人也比較喜歡麵包粉）。氣炸至金黃酥脆，接著再淋上以白酒和酸豆製成的檸檬鍋底醬汁。這道菜熱量不高，但卻不失美味！

雞肉

去骨去皮雞胸肉 2 塊（約 227 克），去掉所有肥肉

鹽 1/4 小匙

現磨黑胡椒粉

蛋白 2 大顆

全麥或無麩質的調味麵包粉 2/3 杯

橄欖油噴霧

醬汁

攪拌至軟化的奶油 1 大匙

減鈉雞湯 *1/2 杯

乾型（不甜）白酒 1/4 杯

檸檬汁 1 顆，保留切半的檸檬

現磨黑胡椒粉

將水分瀝乾的酸豆 1 大匙

擺盤

檸檬 1 顆，切片

切碎的新鮮香芹（巴西里）葉

1. **雞肉**：將雞肉橫向切半，共切成 4 塊雞排。用 2 張羊皮紙或保鮮膜將雞排夾在中間，用厚重的煎鍋或肉錘捶打至約 0.6 公分厚，再用鹽和適量黑胡椒粉為 2 面調味。

2. 在淺碗中攪打蛋白和 1 小匙的水。將麵包粉倒入大盤子中。依序將每塊雞肉先沾取蛋液，接著裹上麵包粉，輕輕按壓，讓麵包粉附著，抖落多餘的麵包粉並擺在工作檯上。為雞肉的 2 面噴上大量的橄欖油。

3. 將氣炸鍋預熱至約 188°C。

4. 分批烘烤，將雞排放入炸鍋籃，烤約 6 分鐘，中途翻面，烤至熟透且金黃酥脆（若使用氣炸式烤箱，請以約 177°C烤約 5 分鐘）。

5. **同一時間，製作醬汁**：在煎鍋中，以中火將奶油加熱至融化，加入雞湯、白酒、檸檬汁、預留的切半檸檬和適量的黑胡椒粉，以高溫煮至湯汁收乾一半，約 3 至 4 分鐘，離火。將切半檸檬丟棄，拌入酸豆。

6. **擺盤**：將雞肉分裝至餐盤中。在每塊雞肉上淋上 2 大匙的醬汁。鋪上檸檬片和香芹享用。

* 請閱讀標籤以確保為無麩質產品

每份：1 塊雞排＋ 2 大匙醬汁 · 熱量 232 · 脂肪 6 克 · 飽和脂肪 2 克 · 膽固醇 78 毫克 · 碳水化合物 13 克 · 纖維 2 克 · 蛋白質 29 克 · 糖 2 克 · 鈉 691 毫克

玉米片炸雞佐涼拌蘿蔓

Cornflake-Crusted "Fried" Chicken with Romaine Slaw

這些酥脆的玉米片雞腿讓人回憶童年時光！你可用很多餅類食材來替換雞肉的麵衣，例如：椒鹽卷餅、玉米餅、無麩質米餅、猶太無酵餅（matzo），任君挑選！但沒有一個能像玉米片雞肉那麼能喚起回憶。我的母親會保留雞皮，但為了讓這道菜維持低熱量，我去掉雞皮。相信我，用鬆脆麵衣組合做成的炸雞，是你不能錯過的美味。

雞肉

去皮帶骨雞腿 8 隻（共 850 克）

鹽 1/2 小匙

大雞蛋 2 顆

甜味紅椒粉 1/2 小匙

蒜粉 1/4 小匙

辣椒粉 *1/4 小匙

橄欖油噴霧

麵衣

一般或無麩質的玉米片 1 又 2/3
杯（約 99 克）

橄欖油噴霧

鹽 1 小匙

乾燥香芹 1 大匙

甜味紅椒粉 1 又 1/2 小匙

乾燥牛膝草 1 小匙

乾燥百里香 1 小匙

蒜粉 1/2 小匙

洋蔥粉 1/2 小匙

辣椒粉 *1/4 小匙

擺盤用涼拌蘿蔓（配方見右側）

* 請閱讀標籤，以確保為無麩質產品。

1. **雞肉**：用鹽為雞肉調味。在淺碗中攪打蛋和 1 小匙的水、紅椒粉、蒜粉和辣椒粉，擺在一旁。

2. **麵衣**：將玉米片放入約 3.8 公升的夾鏈袋，用桿麵棍或杯底壓碎，不要壓至完全細碎，以保留些許口感，移至淺碗中。為玉米片噴上少許油（這有助讓調味料附著在玉米片上），接著加入鹽、香芹、紅椒粉、牛膝草、百里香、蒜粉、洋蔥粉和辣椒粉，充分攪拌均勻。

3. 依序將 1 隻雞腿沾取蛋液，接著裹上玉米片麵衣，輕輕按壓，讓雞腿能完全沾滿玉米碎片。移至工作檯上，為每 1 面噴上油。

4. 將氣炸鍋預熱至約 177°C。

5. 分批烘烤，在炸鍋籃中鋪上 1 層雞肉，烤約 28 分鐘，中途翻面，烤至雞肉熟透且麵衣呈現金黃色（若使用氣炸式烤箱，請以約 149°C 烤 34 至 36 分鐘）。放涼 5 分鐘後搭配涼拌蘿蔓享用。

涼拌蘿蔓

4 人份

Q GF DF K

蘿蔓萵苣絲 5 杯

紅洋蔥薄片 1/4 杯

橄欖油 1 又 1/2 大匙

蘋果醋 1 又 1/2 大匙

新鮮萊姆汁 4 小匙

鹽 1/4 小匙

現磨黑胡椒粉

在大碗中混合萵苣、洋蔥、油、醋、萊姆汁、鹽和適量黑胡椒粉。拌勻後即可享用。

每份：1 又 1/4 杯．熱量 60．脂肪 5 克．飽和脂肪 0.5 克．膽固醇 0 毫克．碳水化合物 3 克．纖維 1.5 克．蛋白質 1 克．糖 1 克．鈉 76 毫克

每份：2 隻雞腿．熱量 346．脂肪 11 克．飽和脂肪 3 克．膽固醇 284 毫克．碳水化合物 15 克．纖維 1 克．蛋白質 45 克．糖 2 克．鈉 693 毫克

辣優格醃雞腿佐烤蔬菜

Spiced Yogurt-Marinated Chicken Thighs with Blistered Vegetables

若你從未吃過印度烤雞,那準備愛上它吧!這是我在《輕鬆上桌的苗條美食》(Skinnytaste One & Done)中最愛的技巧之一,誰能料到氣炸鍋也能料理印度烤雞呢?肉會烤成漂亮的金黃色,而且既然它成了我研發這本書裡的最愛菜色之一,當然無法跳過它!在這裡,我使用的是無骨雞腿肉,讓這道菜的製作變得更簡單。日式甜椒(Shishito pepper)並非產自印度,但和雞肉與烤番茄非常搭,可依個人喜好搭配印度烤餅或印度糙米一起享用。

全脂優格(非希臘式優格)1/4 杯

剁碎的大蒜 3 瓣

新鮮檸檬汁 2 大匙

刨碎生薑 1 小匙

印度綜合香料(garam masala)*1 小匙

薑黃粉 1/4 小匙

卡宴辣椒粉 1/4 小匙

鹽 1 又 1/4 小匙

去皮去骨雞腿肉 8 塊(約 113 克)

日式甜椒約 198 克

中型聖女番茄 2 顆,切成 4 塊

橄欖油噴霧

切碎的新鮮香菜 1 大匙(裝飾用)

檸檬 1 顆,切塊

* 請閱讀標籤,以確保為無麩質產品。

1. 在碗中攪拌優格、大蒜、檸檬汁、薑、印度綜合香料、薑黃粉、卡宴辣椒粉和 1 小匙的鹽,將拌好的醃漬醬料和雞腿肉一起放入較大的夾鏈袋,將醬料包覆整個雞腿肉,放入冰箱冷藏醃漬至少 2 小時或 1 整晚。

2. 將氣炸鍋預熱至約 204°C。

3. 將雞肉從醃漬醬料中取出(醃漬醬料丟棄)。分批烘烤,在炸鍋籃裡鋪上 1 層雞肉,烤約 14 分鐘,中途翻面,烤至淺棕色且熟透(若使用氣炸式烤箱,溫度和時間維持不變)。將冷卻的雞肉擺在一旁,蓋上鋁箔紙。

4. 為日式甜椒和番茄的每 1 面都噴上油,移至炸鍋籃,烤 8 分鐘,中途搖動炸鍋籃,烤至柔軟且稍微焦化(若使用氣炸式烤箱,溫度和時間維持不變)。撒上剩餘 1/4 小匙的鹽。

5. 將雞肉和蔬菜移至盤中。以香菜裝飾,一旁可搭配檸檬角享用。

每份:2 塊雞腿肉＋1/4 的蔬菜 · 熱量 321 · 脂肪 10 克 · 飽和脂肪 2.5 克 · 膽固醇 218 毫克 · 碳水化合物 11 克 · 纖維 2 克 · 蛋白質 46 克 · 糖 5 克 · 鈉 563 毫克

墨西哥起司綠辣椒酥炸雞卷
Cheesy Green Chile-Chicken Chimichangas

Chimichangas是油炸的墨西哥捲餅,在德州墨西哥美食中是最受歡迎的一道人氣料理,但通常偏油膩且熱量爆表。我選用清爽的雞胸肉、綠辣椒和墨西哥辣椒乳酪製成的酥炸卷比經典版健康許多。我將這道配方簡化成使用已經煮熟的烤雞胸肉,就是為了工作日晚餐也能快速上菜。

莎莎醬 pico de gallo

番茄丁 1/2 杯

碎洋蔥 3 大匙

切碎的新鮮香菜 1 大匙，以及裝飾用少許

新鮮萊姆汁 1 小匙

鹽 1/4 小匙

現磨黑胡椒粉

墨西哥酥炸卷

雞胸肉剩菜或烤雞胸肉絲約 340 克

臍橙汁 1/2 顆

萊姆汁 1/2 顆

剁碎的大蒜 1 大瓣

孜然粉 1 小匙

微辣綠辣椒丁 1 罐（約 113 克）（將水分瀝乾）

低醣全麥墨西哥玉米餅 4 張（約 18 至 20 公分）（我使用的是 La Tortilla Factory 品牌）

切碎的加州胡椒傑克乳酪（shredded pepper Jack cheese）1/2 杯（約 57 克）

噴霧用油

擺盤

萵苣絲 3 杯

酸奶油 4 大匙

酪梨丁約 113 克（小顆的哈斯 Hass 酪梨 1 顆）

1. **莎莎醬**：在碗中混合番茄、洋蔥、香菜、萊姆汁、鹽和適量的黑胡椒粉。

2. **墨西哥酥炸卷**：在大碗中混合雞肉、臍橙汁、萊姆汁、大蒜、孜然粉和水分瀝乾的辣椒，充分攪拌，均勻混合。

3. 在工作檯上，1 次處理 1 張餅皮，在餅皮底部 1/3 處放上 1/4 的雞肉混料（約 3/4 杯）。為每張餅皮撒上 2 大匙的乳酪碎。將最靠近自己的餅皮邊提起，將餡料捲起，再將上下二頭朝中央折好，捲至形成緊實的條狀。靜置一邊，餅皮密合處朝下，剩餘的餅皮和餡料也以同樣方式處理。

4. 將氣炸鍋預熱至約 204°C。

5. 為墨西哥酥炸卷的每一面都噴上油。將 2 個墨西哥酥炸卷密合處朝下地擺在炸鍋籃中（請確保墨西哥酥炸卷緊緊包裹，而且密合處朝下，否則烘烤期間會裂開），烤 7 至 8 分鐘，中途翻面，烤至金黃酥脆（若使用氣炸式烤箱，請以約 177°C 烘烤，時間維持不變）。剩餘的墨西哥酥炸卷也以同樣方式處理。

6. **擺盤**：在每個盤中擺上 3/4 杯的萵苣絲，將墨西哥酥炸卷擺在上方，加上 2 大匙的莎莎醬、1 大匙的酸奶油和約 28 克的酪梨丁，最後用香菜裝飾。即可享用。

苗條情報

這道菜搭配 1 小團的酸奶油、莎莎醬和酪梨就完成了，但若要做為更完整的正餐，可搭配米飯或豆泥來享用墨西哥酥炸卷。

每份：1 個墨西哥酥炸卷＋3/4 杯的萵苣＋配料·熱量 391·脂肪 18.5 克·飽和脂肪 6 克·膽固醇 93 毫克·碳水化合物 30 克·纖維 16.5 克·蛋白質 40 克·糖 5 克·鈉 716 毫克

2 人份

法式藍帶雞排
Chicken Cordon Bleu

在我的成長過程中，我媽常做這道適合全家大小的菜肴做為晚餐主菜，而且這一直是大家的最愛，只是我媽當時沒有氣炸鍋，所以她只能用油炸的。這款健康版本嚐起來就和她的一樣美味（但熱量和脂肪少得多！），而且非常適合搭配清脆的生菜沙拉做為配菜。

雞胸肉排薄片 8 片（每片約 113 克）

鹽 3/4 小匙

現磨黑胡椒粉

縱向切半的減鈉熟火腿 4 片（每片約 28 克）

縱向切半的低鈉瑞士乳酪（例如 Boar's Head Lacey 乳酪）4 片（每片約 28 克）

大雞蛋 1 顆

蛋白 2 大顆

一般或無麩質麵包粉 3/4 杯

刨碎的帕馬森乳酪 2 大匙

橄欖油噴霧

1. 用 3/4 小匙的鹽和適量的黑胡椒粉為雞胸肉排調味，1 次將 1 片雞胸肉排擺在工作檯上，上放上半片火腿和乳酪，將雞肉向上捲起，接著擺在一旁，密合處朝下。剩餘的雞胸肉排、火腿和乳酪也以同樣方式處理。

2. 在碗中攪打全蛋和蛋白成蛋液。在另 1 個碗中混合麵包粉和帕馬森乳酪。

3. 雞胸肉排先沾取蛋液，接著裹上麵包粉，輕輕按壓，讓麵包粉附著。為 2 面噴上油。

4. 將氣炸鍋預熱至約 204℃。

5. 分批烘烤，將雞肉捲放入炸鍋籃，密合面朝下，烤 12 分鐘，中途翻面，烤至金黃且中央熟透（若使用氣炸式烤箱，請以約 177℃ 烘烤，時間維持不變）。即可享用。

苗 條 情 報

將雞肉輕鬆捲起的訣竅是使用超薄雞排。若你的雞排讓你覺得不好處理，請捶得更薄──不要超過約 0.6 公分的厚度。

每份：2 個肉捲・熱量 497・脂肪 15.5 克・飽和脂肪 6.5 克・膽固醇 222 毫克・碳水化合物 16 克・纖維 1 克・蛋白質 69 克・糖 2 克・鈉 983 毫克

派對火雞肉餅
Fiesta Turkey Meatloaves

我添加了黑豆、玉米和莎莎醬，為傳統的肉餅賦予些許墨西哥風味。將這些肉餅塑型成小漢堡排，有助快速煮熟。若想吃香辣口味的肉餅，可在混料中添加些許墨西哥辣椒或是墨西哥辣醬。

肉餅

瘦肉 93% 的火雞絞肉約 454 克

一般或無麩質麵包粉 1/3 杯

洗淨並將水分瀝乾的罐頭黑豆 1/3 杯

冷凍玉米粒 1/3 杯

罐裝微辣番茄莎莎醬 1/4 杯

碎洋蔥 1/4 杯

碎蔥 1/4 杯

切碎新鮮香菜 2 大匙

打散的大雞蛋 1 顆

番茄糊 1 大匙

鹽 1 小匙

孜然粉 1/2 小匙

淋醬

番茄醬 2 大匙

罐裝微辣莎莎醬 2 大匙

1. **肉餅**：在中型碗中混合火雞絞肉、麵包粉、黑豆、玉米粒、莎莎醬、洋蔥、蔥、香菜、蛋、番茄糊、鹽和孜然粉，拌勻。將混料分成 4 等份，揉成約 2.5 公分厚的圓形肉餅。

2. **淋醬**：在小碗中攪拌番茄醬和莎莎醬。

3. 將氣炸鍋預熱至約 177°C。

4. 分批烘烤，將肉餅放入炸鍋籃。烤約 18 分鐘，中途翻面，烤至中央熟透。為肉餅刷上鏡面淋醬，再放回氣炸鍋，烤約 2 分鐘，讓內部夠熱（若使用氣炸式烤箱，請以約 163°C烘烤，時間維持不變）。即可享用。

苗 條 情 報

可為罐內剩餘的豆子拌入 1 又 1/3 杯的解凍玉米粒、1 顆切碎的番茄、萊姆汁、香菜和鹽，製作搭配的莎莎醬。

每份：1 個肉餅・熱量 279・脂肪 11.5 克・飽和脂肪 3 克・膽固醇 130 毫克・碳水化合物 18 克・纖維 3 克・蛋白質 26 克・糖 4 克・鈉 695 毫克

牛肉、豬肉與羊肉
BEEF, PORK & LAMB

低醣迷你漢堡佐特製醬料

Low-Carb Cheeseburger Sliders
with Special Sauce

天啊！起司漢堡是如此美味，即使我很在意腰圍，還是禁不起誘惑想來個起司漢堡，這時就是這些裹生菜的寶貝們登場的時候了。沒有麵包，就沒有傷害，絞肉與起司混合後以氣炸鍋烤至完美，鋪上番茄、紅洋蔥、酸黃瓜，以及令人垂涎的「特殊醬料」。相信我，你根本不會想念麵包。嚐起來就像夏天，只是不需要烤架，因此你一整年都可以享受這道菜。

迷你漢堡排

瘦肉 90% 的牛絞肉約 454 克

減脂切達乳酪絲 *1/4 杯（約 28 克）

黃芥末醬 1 大匙

鹽 3/4 小匙

洋蔥粉 1/4 小匙

現磨黑胡椒粉 1/8 小匙

特製醬料

淡味蛋黃醬 2 大匙

番茄醬 2 小匙

黃芥末醬 1/2 小匙

蒔蘿醃黃瓜汁 1/2 小匙

洋蔥粉 1/8 小匙

蒜粉 1/8 小匙

甜味紅椒粉 1/8 小匙

擺盤

美生菜（結球萵苣）外層葉片 4 大片，每片縱向切半

番茄 8 片（約 0.6 公分厚，小顆番茄 2 顆）

紅洋蔥 2 片（小顆洋蔥 1 顆），剝開成環狀

蒔蘿醃黃瓜片 8 片

*請閱讀標籤，以確保為無麩質產品。

1. **迷你漢堡排**：在大碗中混合牛肉、切達乳酪、芥末醬、鹽、洋蔥粉和黑胡椒粉，抓勻，將肉揉成 8 個大小相等的肉餅，厚約 0.6 公分。用手指按壓每塊肉餅的中央，形成小洞（這將有助在烘烤時維持扁平的形狀）。

2. **特製醬料**：在碗中混合蛋黃醬、番茄醬、芥末醬、醃黃瓜汁、洋蔥粉、蒜粉和紅椒粉，攪拌均勻。

3. 將氣炸鍋預熱至約 204°C。

4. 分批烘烤，在氣炸鍋的炸鍋籃中鋪上 1 層迷你漢堡排。烘烤，並在中途翻面，烤至想要的熟度，5 分熟請烤 8 分鐘（若使用氣炸式烤箱，溫度和時間維持不變）。

5. **擺盤**：在每個盤中放上 2 個切半生菜，鋪上 1 片番茄、1 塊迷你漢堡排、洋蔥、特製醬料和酸黃瓜，即可享用。

每份：2 個迷你漢堡 · 熱量 271 · 脂肪 15.5 克 · 飽和脂肪 6 克 · 膽固醇 81 毫克 · 碳水化合物 6 克 · 纖維 1.5 克 · 蛋白質 26 克 · 糖 3 克 · 鈉 585 毫克

烤牛肉佐辣根香蔥醬

Roast Beef
with Horseradish-Chive Cream

烤牛肉是道我們全家都愛的菜色，我通常只會在周末做這道菜，因為它的烘烤時間太長。但這個習慣被氣炸鍋給改變了——只需要30分鐘，就可以做出完美多汁的三分熟烤牛肉——這徹底改變了遊戲規則！這道料理若有剩下的牛肉，很適合搭配烤蔬菜、花椰菜泥來製作烤牛肉三明治，或是與大份沙拉一起享用。

牛肉

綁好的牛後腿瘦肉1塊（約907克）

鹽1小匙

橄欖油1小匙

第戎芥末醬（Dijon）1大匙

辣根醬1小匙

剁碎的大蒜1瓣

辣根香蔥醬

酸奶油 2/3 杯

辣根醬 2 又 1/4 大匙

第戎芥末醬 2 又 1/4 大匙

剁碎的細香蔥（蝦夷蔥）1大匙

鹽 1/4 小匙

現磨黑胡椒粉

1. **牛肉**：將牛後腿肉從冰箱中取出，在室溫下回溫約 1 小時。用紙巾拍乾，以鹽調味。

2. 將油、芥末醬、辣根醬和大蒜混合後，均勻抹在牛後腿肉的表面上。

3. 將氣炸鍋預熱至約 163°C。

4. 將牛後腿肉放入炸鍋籃，烤約 30 至 35 分鐘，中途翻面，烤至呈金黃色約三分熟，且用溫度計插入中央達約 52°C 至 54°C 的溫度（若使用氣炸式烤箱，請以約 149°C 烤 25 至 30 分鐘）。

5. **同一時間，製作辣根香蔥醬**：在中型碗中混合酸奶油、辣根醬、芥末醬、細香蔥、鹽和適量黑胡椒粉，攪拌均勻，冷藏至準備要使用的時刻。

6. 將牛後腿肉移至砧板上，接著蓋上鋁箔紙，靜置 10 至 15 分鐘後再切成薄片，搭配一旁的辣根香蔥醬享用。

苗 條 情 報

· 若烹調前沒有時間讓牛後腿肉回到常溫，可增加約 5 分鐘的烘烤時間。更大的牛後腿肉將需要以氣炸鍋烘烤更長的時間。

· 第戎芥末醬（Dijon mustard）又稱法式芥末醬，有著漂亮鵝黃色，口感香滑，和日式芥末醬完全不同。

每份：約 85 克牛肉＋2 大匙的醬汁 · 熱量 275 · 脂肪 18.5 克 · 飽和脂肪 6.5 克 · 膽固醇 88 毫克 · 碳水化合物 2 克 · 纖維 0 克 · 蛋白質 24 克 · 糖 1 克 · 鈉 458 毫克

墨西哥烤牛肉沙拉
Carne Asada Salad

我愛牛排,當我想快速上菜時,牛排一直是我與家人們最愛的料理之一。
我通常會用沙拉搭配牛排,或是把牛排變成此道大份沙拉。

酪梨醬 guacamole

小顆的哈斯酪梨 1 顆(約 114 克)

番茄丁 1/4 杯

紅洋蔥丁 2 大匙

切碎的新鮮香菜 2 小匙

新鮮萊姆汁 2 小匙

鹽 1/2 小匙

現磨黑胡椒粉

牛排

無骨沙朗牛排(top sirloin steak)約 283 克(約 1.3 至 1.9 公分厚)

剁碎的大蒜 1 大瓣

鹽 1/2 小匙

孜然粉 1 小匙

現磨黑胡椒粉

萊姆 1/4 顆

擺盤

切碎的蘿蔓萵苣 3 杯

蒙特里傑克乳酪絲(Monterey Jack cheese)1/4 杯(約 28 克)

現成或自製的墨西哥莎莎醬(pico de gallo,見 81 頁)1/2 杯

墨西哥辣椒 1 根(非必要),切成薄片

萊姆角

1. **酪梨醬**:在碗中將酪梨搗碎,接著加入番茄、紅洋蔥、香菜、萊姆汁、鹽和適量的黑胡椒粉,拌勻後擺在一旁。

2. **牛排**:用大蒜、鹽、孜然粉和適量的黑胡椒粉為牛排調味。

3. 將氣炸鍋預熱至約 204℃。

4. 將牛排放入炸鍋籃,烘烤,中途翻面,烤至你想要的熟度,依牛排的厚度而定,5 分熟約需烤 7 至 10 分鐘(若使用氣炸式烤箱,溫度和時間維持不變)。取出讓牛排在盤中靜置 5 分鐘。

5. 在牛排上擠上萊姆汁,切成薄片。

6. **擺盤**:在每個盤中擺上 1 又 1/2 杯的萵苣、2 大匙的乳酪絲和 1/4 杯的酪梨醬,鋪上一半的牛肉片、1/4 杯的墨西哥莎莎醬和墨西哥辣椒(若有使用的話)。搭配一旁的萊姆角享用。

每份:1 份沙拉・熱量 388・脂肪 22 克・飽和脂肪 6.5 克・膽固醇 108 毫克・碳水化合物 16 克・纖維 7.5 克・蛋白質 37 克・糖 4 克・鈉 994 毫克

芝麻醬醃側腹牛排
Soy-Sesame Marinated Flank Steak

氣炸鍋可以完美料理出三分熟的牛排，但又不會讓廚房充滿油煙味，這太令我印象深刻了！此道配方使用了側腹牛排，它是整頭牛脂肪極少的部位。醬油能為肉帶來美味和鮮味，因而成為醃料中有力的基底，醃漬一整晚將會很有幫助。更重要的是，別忘了以逆紋切方式將牛肉切成很薄的薄片，如此一來肉才不會太硬。雖然我似乎用了許多的油和糖，但請記住，大部分的醃漬醬料會在烹調之前丟棄。

側腹牛排約 680 克

減鈉醬油 * 或日式溜醬油（tamari）6 大匙

烘烤芝麻油 2 大匙

糖 2 大匙

刨碎生薑 1 大匙

剁碎的紅蔥 1 顆

剁碎的大蒜 1 瓣

碎紅椒片 1/4 小匙

切成細碎的蔥 1 根

烤芝麻籽（灑在表面用）

* 請閱讀標籤，以確保為無麩質產品。

1. 在碗中混合醬油、芝麻油、糖、薑、紅蔥、大蒜和紅椒片，攪拌至糖溶解，加入牛排，將醃漬醬料按至完全包裹住，蓋上保鮮膜，讓肉冷藏醃漬 1 整晚。

2. 將氣炸鍋預熱至約 204℃。

3. 將牛排從醃漬醬料中取出（醃漬醬料丟棄）。如有需要，可分 2 批烘烤，將牛排放入炸鍋籃中烘烤，中途翻面，烤至外面焦黑，並烤至你想要的熟度，3 分熟約要烤 12 分鐘（若使用氣炸式烤箱，溫度和時間維持不變）。

4. 靜置 5 分鐘後逆紋切成極薄的薄片，移至大淺盤，在表面撒上蔥和芝麻享用。

苗條情報

若牛排對你的氣炸鍋來說太大，請切成 2 塊。

每份：約 128 克的牛排 · 熱量 287 · 脂肪 13 克 · 飽和脂肪 4.5 克 · 膽固醇 117 毫克 · 碳水化合物 3 克 · 纖維 0.5 克 · 蛋白質 38 克 · 糖 2 克 · 鈉 298 毫克

DF

韓國豬肉生菜卷
Korean Pork Lettuce Wraps

有一位好友經常在每次烤肉時製作生菜包肉，總是大受歡迎。因此這道菜的靈感就是來自於韓國的生菜包肉（bo ssam），通常是以豬五花製作，再包上生菜享用。在此，我使用較瘦的肉塊：豬里肌，切片後醃漬一整晚，並將沾醬簡化。不需要烤架也能製作，只要有氣炸鍋，一年四季任何時刻都可以品嚐這道料理。

豬肉

豬里肌約 454 克，切成 12 片（約 1.3 公分厚）

鹽 1/4 小匙

現磨黑胡椒粉 1/8 小匙

碎蔥 3 根

壓碎的大蒜 3 瓣

減鈉醬油 1/4 杯

韓式辣椒醬（gochujang）1 大匙

紅糖 1 大匙

刨碎生薑 1 大匙

韓式辣醬

韓式辣椒醬 2 大匙

味醂 2 大匙

烤芝麻油 1 小匙

擺盤

煮熟的糙米飯 2 又 1/4 杯

蘿蔓或皺葉萵苣嫩葉 12 片

芝麻籽 1/2 大匙

蔥片 2 片

1. **豬肉**：將豬肉片放入碗中，以鹽和黑胡椒粉調味。在另一碗中混合蔥、大蒜、醬油、韓式辣椒醬、紅糖和薑，拌勻。倒在豬肉上，抓拌至調味料均勻包覆豬肉表面。蓋上保鮮膜，冷藏醃漬一整晚。

2. 將氣炸鍋預熱至約 204℃。

3. 分批烘烤，在氣炸鍋裡鋪上一層豬肉（倒掉多餘的醃漬醬汁），烤約 10 分鐘，中途翻面，烤至表面金黃且內部不再是粉紅色（若使用氣炸式烤箱，溫度和時間維持不變）。

4. **韓式辣醬**：在小碗中混合韓式辣椒醬、味醂和芝麻油，攪拌均勻。

5. **擺盤**：在每片萵苣葉上放上 3 大匙糙米飯。鋪上豬肉片、1 小匙韓式辣醬，以及一些芝麻籽和蔥，用葉片將米飯和豬肉捲起成如同墨西哥捲餅般的條狀，即可享用。

每份：3 個生菜卷 · 熱量 311 · 脂肪 5 克 · 飽和脂肪 1 克 · 膽固醇 74 毫克 · 碳水化合物 34 克 · 纖維 3.5 克 · 蛋白質 28 克 · 糖 6 克 · 鈉 398 毫克

肉食主義甜椒鑲披薩
Meat Lovers' Pizza-Stuffed Peppers

我的家人們最愛的兩種食物——披薩和鑲甜椒合而為一道料理！甜椒裡填入的餡料就和放在披薩上的一樣，但沒有這麼多碳水化合物，再搭配大份沙拉就成為美味的午餐或清淡的晚餐。我在這道菜填入香腸、義式辣香腸和起司，如果你想吃素，可將肉換成蘑菇片、羅勒，或任何你喜歡加在披薩上的配料！

甜味義式豬肉香腸 *1 條（約 79 克）

中型甜椒 4 顆

噴霧用油

義大利番茄紅醬 1 杯

莫札瑞拉乳酪絲 1 又 1/2 杯（約 170 克）

切半的火雞香腸 12 片

* 請閱讀標籤，以確保為無麩質產品。

1. 將氣炸鍋預熱至約 188℃。

2. 將香腸放入炸鍋籃，烤 10 分鐘，中途翻面，烤至熟透（若使用氣炸式烤箱，請以約 177℃ 烘烤，時間維持不變）。靜置冷卻，接著切成小塊。

3. 將甜椒縱對半切，去籽。為雙面噴上油。

4. 將氣炸鍋的溫度調低至約 177℃。

5. 將甜椒放入炸鍋籃，烤 6 至 8 分鐘，中途翻面，烤至稍微軟化（若使用氣炸式烤箱，溫度維持不變，烤 6 分鐘），移至盤中。

6. 在每顆切半的甜椒內填入 2 大匙的義大利番茄紅醬，鋪上 3 大匙的莫札瑞拉乳酪絲、幾片豬肉香腸和 3 片切半的火雞香腸。

7. 分批烘烤，將鑲餡甜椒放回氣炸鍋，鋪成一層，烤 6 至 7 分鐘，烤至乳酪融化且醬汁夠熱（若使用氣炸式烤箱，溫度維持不變，烤約 5 分鐘）。即可享用。

每份：2 顆切半甜椒 · 熱量 257 · 脂肪 15 克 · 飽和脂肪 7.5 克 · 膽固醇 54 毫克 · 碳水化合物 13 克 · 纖維 3.5 克 · 蛋白質 17 克 · 糖 7 克 · 鈉 658 毫克

Q
GF
DF

炸豬排佐酪梨、番茄和萊姆

Breaded Pork Cutlets
with Avocado, Tomatoes, and Lime

這道菜是我們家最愛的周末食譜之一！我先生總是要求我做這道料理，甚至我弟媳也為我挑嘴的姪女做這道菜。這道料理的特別之處在於：將豬肉像雞排一樣打薄，用**sazón**香料調味料帶來豐富的滋味。當然，享用前必須先將萊姆角的汁擠在肉上，我們會搭配番茄和酪梨一起享用豬排，或是在我的孩子表現得很好時，我還會搭配米飯和豆子（他的最愛）來料理。

無骨豬里肌薄片 8 片（每片約 85 克）
　　（去掉多餘肥肉）

菲律賓醬醋雞調味鹽（adobo
　　seasoning salt）3/4 小匙

打散的大雞蛋 1 顆

sazón 調味料 1 小匙

一般或無麩質調味麵包粉 1/2 杯再加上
　　2 大匙

橄欖油噴霧

切片酪梨約 142 克（中型哈斯酪梨 1 顆）

切片番茄 1 大顆

萊姆 2 顆，切塊擺盤用

1. 用兩張保鮮膜夾住 1 片豬排夾，用重煎鍋或肉錘將豬肉捶打至約 0.6 公分厚，小心不要將肉撕裂。用菲律賓醬醋雞調味鹽為豬排的兩面調味（其他豬排同樣步驟完成）。

2. 在碗中攪打蛋、1 小匙的水和 sazón 調味料。將麵包粉倒入另 1 個碗中。依序將豬排先浸入蛋液等混料，讓過多的混料滴落，接著裹上麵包粉後，將豬排擺在工作檯上，用刀面輕輕按壓幫助麵包粉附著。為兩面噴上大量的油。

3. 將氣炸鍋預熱至約 204℃。

4. 分批烘烤，在炸鍋籃中鋪上一層豬排，烤 6 至 7 分鐘，中途翻面，烤至金棕色且內部不再是粉紅色（若使用氣炸式烤箱，溫度維持不變，烤 6 分鐘）。

5. 將豬排分裝至 4 個盤中，搭配酪梨、番茄和萊姆塊擺盤。即可享用。

苗條情報

Sazon 調味料是南美洲的烤肉好幫手，其實通常含有綜合香料的調味料，一般會有大蒜粉、巴西里、辣椒粉、小茴香、香菜等。

每份：2 塊豬排＋ 1/4 塊酪梨和番茄・熱量 395・脂肪 18.5 克・飽和脂肪 5 克・膽固醇 140 毫克・碳水化合物 16 克・纖維 4.5 克・蛋白質 42 克・糖 3 克・鈉 674 毫克

蘋果鑲豬排
Apple-Stuffed Pork Chops

豬肉和蘋果是好朋友，因此蘋果鑲豬排當然是經典之作，尤其是蘋果已經先和洋蔥、芹菜、肉桂和肉豆蔻一起炒過。我偏好戰斧豬排，因為我認為它們較多汁，但如果你喜歡無骨的，也可以改用無骨豬排。炒高麗菜是製作這道菜肴的完美配菜。

豬肉

帶骨豬腰肉里脊豬排 4 塊（每塊約 184 克）

鹽 1 小匙

乾燥鼠尾草 1/2 小匙

蒜粉 1/2 小匙

肉桂粉 1/4 小匙

肉豆蔻粉 1/4 小匙

甜味紅椒粉 1/4 小匙

現磨黑胡椒粉 1/8 小匙

第戎芥末醬 2 小匙

純楓糖漿 2 小匙

蘋果

無鹽奶油 1/2 大匙

大顆甜蘋果（蜜脆蘋果或加拉）1 顆，去皮並切成薄片

切碎的中型洋蔥 1/2 顆

切碎的芹菜 1/4 杯

鹽 1/2 小匙

乾燥鼠尾草 1/2 小匙

蒜粉 1/2 小匙

肉桂粉 1/4 小匙

肉豆蔻粉 1/4 小匙

1. **豬肉**：用兩張保鮮膜夾住 1 片豬排夾，用厚重的煎鍋或肉錘將豬肉捶打至約 1.9 公分的厚度，小心別將肉打破了，用刀尖在每塊豬排肉的中間橫切出一個洞（如口袋），千萬不要將豬排完全切斷。

2. 在小碗中混合鹽、鼠尾草、蒜粉、肉桂粉、肉豆蔻粉、紅椒粉和黑胡椒粉即為綜合香料，再塗滿每塊豬排的內外調味。

3. 在小碗中攪拌芥末醬和楓糖漿。

4. **蘋果**：在煎鍋中，以中火將奶油加熱至融化，加入蘋果、洋蔥、芹菜、鹽、鼠尾草、蒜粉、肉桂粉和肉豆蔻粉略拌，加蓋烹煮，偶爾開蓋攪拌，煮至蘋果和蔬菜軟化，約 15 分鐘。

5. 將蘋果混料平均地填入豬排的切口中（每塊約 1/4 杯）。

6. 將氣炸鍋預熱至約 204℃。

7. 分批烘烤，將鑲餡豬排放入炸鍋籃，烤 3 分鐘，將豬排翻面，並在表面刷上芥末醬和楓糖漿的混料，繼續烤 3 至 4 分鐘，烤至剛好熟透（若使用氣炸式烤箱，請以約 191℃烤 3 分鐘，接著烤 2 至 3 分鐘）。小心地用鉗子將豬排移至大淺盤中。蓋上鋁箔紙，靜置 5 分鐘（肉會繼續熟成）。在溫熱時享用。

每份：1 塊豬排‧熱量 300‧脂肪 9 克‧飽和脂肪 3 克‧膽固醇 131 毫克‧碳水化合物 12 克‧纖維 2 克‧蛋白質 41 克‧糖 8 克‧鈉 609 毫克

五香蜜烤羊排
Five-Spice Glazed Lamb Chops

五香粉、蜂蜜和黑糖的組合讓我想到叉燒肉（廣東的燒烤豬肉），但如果像我一樣使用羊排的話，脂肪會少得多。這道菜需要醃漬幾小時，但一旦醃漬完成，用氣炸鍋就可以快速烤好，形成多汁味美的可口羊排。我為了我的好友們將其中幾塊羊排的碎紅椒片去掉，她非常喜歡這樣的羊排。可搭配糙米飯和黃瓜片做成套餐享用。

帶骨羊里脊排 8 塊（約 99 克）

壓碎大蒜 3 瓣

醬油 * 或日本溜醬油 1/4 杯

五香粉 1/4 小匙

蜂蜜 3 大匙

紅糖 1/2 大匙

碎紅椒片 1/4 小匙

蔥（切成細長條）

* 請閱讀標籤，以確保為無麩質產品。

1. 將羊排放入大碗中，用大蒜、醬油、五香粉和蜂蜜調味，攪拌至羊排被調味料完全包覆。蓋上保鮮膜，冷藏醃漬至少 2 小時，或是一整晚。

2. 將氣炸鍋預熱至約 204℃。

3. 分批烘烤，在炸鍋籃中鋪上一層羊排（保留醬汁），烤 5 分鐘，將羊排翻面，在表面刷上醃漬醬汁，撒上紅糖和紅椒片，繼續烤至表面變棕色且形成焦糖，3 分熟至 5 分熟烤 4 至 5 分鐘；全熟則再烤 1 至 2 分鐘（若使用氣炸式烤箱式，溫度和時間維持不變）。在表面撒上蔥後享用。

每份：2 塊羊排 · 熱量 308 · 脂肪 13.5 克 · 飽和脂肪 5.5 克 · 膽固醇 132 毫克 · 碳水化合物 7 克 · 纖維 0.5 克 · 蛋白質 40 克 · 糖 6 克 · 鈉 406 毫克

海鮮 SEAFOOD

香酥椰蝦佐甜辣蛋黃醬

Crispy Coconut Shrimp
with Sweet Chili Mayo

朋友說這是他吃過最好吃的香酥椰蝦,比餐廳的更棒!用氣炸鍋烹調香酥椰蝦只要幾分鐘時間,就能炸出金黃酥脆的表皮,還不會吸收大量的油,就像油煎一樣。蝦子本身就美味至極,搭配甜辣蛋黃沾醬更是完美組合。這道菜也是絕佳的開胃菜,可以將蝦子鋪在一層蔬菜上,變成沙拉。

甜辣蛋黃醬

蛋黃醬 3 大匙

泰式甜辣醬 3 大匙

是拉差香甜辣椒醬 1 大匙

蝦

甜味椰子絲 2/3 杯

一般或無麩質的日式麵包粉 2/3 杯

鹽 1/8 小匙

中筋麵粉或無麩質麵粉 2 大匙

大型蛋 2 顆

去殼、去腸的特大號蝦子 24 隻(約 454 克)

橄欖油噴霧

1. **甜辣蛋黃醬**:在碗中混合蛋黃醬、泰式甜辣醬和是拉差香甜辣椒醬,拌勻。

2. **蝦**:在碗中混合椰子絲、日式麵包粉和 1/4 小匙的鹽。將麵粉倒入淺碗中。

3. 先用鹽為蝦子調味,再將蝦子沾取麵粉,抖落多餘的麵粉,接著沾取蛋液,輕輕按壓裹上椰子絲和日式麵包粉的混料的蝦子,讓裹粉附著,接著移至大盤中。將蝦子的 2 面噴上油。

4. 將氣炸鍋預熱至約 182℃。

5. 分批烘烤,在炸鍋籃中鋪上一層蝦子,烤約 8 分鐘,中途翻面,直到將麵皮烤至金黃且蝦子熟透(若使用氣炸式烤箱,請以約 149℃烘烤,時間維持不變)。搭配甜辣蛋黃醬做為沾醬享用。

每份:6 隻蝦子+沾醬 1 又 1/2 大匙 · 熱量 355 · 脂肪 16 克 · 飽和脂肪 6.5 克 · 膽固醇 232 毫克 · 碳水化合物 25 克 · 纖維 1 克 · 蛋白質 25 克 · 糖 13 克 · 鈉 750 毫克

阿根廷蝦餃
Shrimp Empanadas

阿根廷餃有著我在波多黎各度過的夏季童年回憶，當時我一有機會就會在街頭吃著小攤的阿根廷餃（又稱pastelillos）。我最愛的是填入龍蝦、蝦肉或披薩配料的阿根廷餃，你也可填入任何想得到的餡料，從吃剩的墨式絞肉（taco meat）、雞肉，到填入派的餡料，甚至甜食的版本都行。

我做的版本很簡單，只要在阿根廷餃中填入蝦子就好，因為不需要預先烹調蝦子餡料，直接煮熟即可。我用現成的阿根廷餃子皮（empanada discs，現成的烘焙餃子皮）製作，以氣炸鍋烘烤不到10分鐘就變得金黃酥脆，比起油炸使用的油量少了許多。

去殼去腸泥且剁碎的生蝦約 227 克

切碎的紅洋蔥 1/4 杯

碎蔥 1 根

剁碎的大蒜 2 瓣

剁碎紅甜椒 2 大匙

切碎新鮮香菜 2 大匙

新鮮萊姆汁 1/2 大匙

甜味辣椒粉 1/4 小匙

鹽 1/8 小匙

碎紅椒片（非必要）1/8 小匙

大雞蛋 1 顆（打散）

冷凍的阿根廷餃子皮（烘焙用，先解凍）
　　10 張

噴霧用油

1. 在中型碗中混合蝦子、紅洋蔥、蔥、大蒜、甜椒、香菜、辣椒粉、鹽和紅椒片（若有使用的話）。

2. 在小碗中，用 1 小匙的水和蛋一起打散。

3. 將 1 張阿根廷餃子皮擺在工作檯上，中央放上 2 大匙的蝦子混料，餃子皮外緣刷上蛋液，將餃子皮折起，輕輕按壓邊緣以固定，再用叉子在邊緣周圍按壓，形成摺邊且完全密封，最後在阿根廷餃表面刷上一層蛋液。

4. 將氣炸鍋預熱至約 193℃。

5. 在炸鍋籃底部噴上噴霧用油以預防沾黏。分批烘烤，在炸鍋籃中鋪上一層阿根廷餃，烤約 8 分鐘，中途翻面，烤至金黃酥脆（若使用氣炸式烤箱，請以約 149℃烤約 10 分鐘）。趁熱享用。

苗條情報

若找不到烘焙用的阿根廷餃子皮，油炸用的餃子皮也可以。

每份：2 個阿根廷餃 · 熱量 262 · 脂肪 11 克 · 飽和脂肪 6.5 克 · 膽固醇 91 毫克 · 碳水化合物 26 克 · 纖維 1.5 克 · 蛋白質 13 克 · 糖 1 克 · 鈉 482 毫克

Q
GF
DF
K

檸檬蝦佐薄荷櫛瓜

Lemony Shrimp and Zucchini
with Mint

氣炸鍋不是只能製作油炸料理，事實上，可以用烤箱料理的任何食物都能用氣炸鍋巧妙取代。我組合了蝦子、櫛瓜和新鮮香草，製作一道不到20分鐘就能完成的簡單菜肴，這道菜根本就是周末夜的美妙福音！也可完美搭配米粒麵或香料飯等簡單配菜。

剝殼且去腸線的超大生蝦約 567 克

中型櫛瓜 2 條（每條約 227 克），縱向切半，並切成約 1.27 公分厚的薄片

橄欖油 1 又 1/2 大匙

蒜鹽 1 又 1/2 小匙

乾燥奧勒岡 1 又 1/2 小匙

碎紅椒片 1/8 小匙（非必要）

檸檬汁 1/2 顆（檸檬）

切碎的新鮮薄荷 1 大匙

切碎的新鮮蒔蘿 1 大匙

1. 將氣炸鍋預熱至約 177℃。

2. 在碗中混合蝦子、櫛瓜、油、蒜鹽、奧勒岡和紅椒片（如果有使用的話），攪拌均勻。

3. 分批烘烤，在炸鍋籃中鋪上一層蝦子和櫛瓜，加熱，在中途搖動炸鍋籃，烤至櫛瓜呈現金黃色且蝦子熟透，約 7 至 8 分鐘（若使用氣炸式烤箱，溫度和時間維持不變）。移至餐盤上，在烤剩餘的蝦子和櫛瓜時，請蓋上鋁箔片。

4. 在表面淋上檸檬汁，加上薄荷和蒔蘿後享用。

每份：1 又 1/4 杯．熱量 194．脂肪 6 克．飽和脂肪 1 克．膽固醇 169 毫克．碳水化合物 6 克．纖維 1.5 克．蛋白質 27 克．糖 3 克．鈉 481 毫克

墨西哥鮮蝦夾餅佐涼拌香菜萊姆
Tortilla Shrimp Tacos
with Cilantro-Lime Slaw

在我家，每周至少會舉辦一次墨西哥夾餅之夜！我們永遠吃不膩這道菜，因為每次都會變新花樣，就像這道墨西哥鮮蝦夾餅。製作這道菜出奇的快，玉米餅碎片可以讓蝦子變得酥脆，好吃到不行，你可能會想要不斷地重複製作。

辣味蛋黃醬

蛋黃醬 3 大匙

路易斯安那辣椒醬（Louisiana-style hot pepper sauce）1 大匙

涼拌香菜萊姆

高麗菜絲 2 杯

小顆紅洋蔥 1/2 顆，切成薄片

墨西哥辣椒 1 小根，切成薄片

切碎的新鮮香菜 2 大匙

萊姆汁 1 顆

鹽 1/4 小匙

蝦

打散的大雞蛋 1 顆

壓碎的玉米餅片 1 杯（約 113 克）

去殼並去腸的特大蝦 24 隻（約 454 克）

橄欖油噴霧

擺盤用玉米餅 8 片

1. **辣味蛋黃醬**：在碗中將蛋黃醬和辣椒醬拌在一起。

2. **涼拌香菜萊姆**：在碗中將高麗菜、洋蔥、墨西哥辣椒、香菜、萊姆汁和鹽攪拌至充分混合，加蓋，冷藏保存。

3. **蝦**：將蛋放入淺碗中，將壓碎的玉米餅片放入另一個淺碗中。先用鹽為蝦子調味，將蝦子沾取蛋液，接著放入玉米餅碎片中，輕輕按壓，讓玉米餅碎片附著。擺在工作檯上，為兩面都噴上油。

4. 將氣炸鍋預熱至約 182°C。

5. 分批烘烤，在炸鍋籃中鋪上一層蝦子。烤 6 分鐘，中途翻面，烤至金黃且中央熟透（若使用氣炸式烤箱，請以約 177°C 烤 5 分鐘）。

6. 擺盤時，在每個盤子上放上 2 片玉米餅，每片玉米餅上放上 3 隻蝦子。在每塊夾餅上鋪上 1/4 杯的涼拌香菜萊姆，接著淋上辣味蛋黃醬後即可享用。

苗 條 情 報

可將玉米餅放入約 3.8 公升大的夾鏈袋，再用桿麵棍壓至細碎。

每份：2 個墨西哥夾餅 · 熱量 440 · 脂肪 17 克 · 飽和脂肪 2.5 克 · 膽固醇 186 毫克 · 碳水化合物 44 克 · 纖維 6 克 · 蛋白質 27 克 · 糖 3 克 · 鈉 590 毫克

蟹堡佐肯瓊蛋黃醬
Crab Cake Sandwiches with Cajun Mayo

如果你跟我一樣喜歡蟹肉餅（很多的肉加上極少量的麵包粉），那你一定會迷上這道料理！夾在柔軟馬鈴薯麵包中的飽滿餡料，搭配美味的肯瓊香料蛋黃醬，這款漢堡就像是把你的味蕾帶入海味十足的夏季海鮮小屋。

蟹肉餅

一般或無麩質的日式麵包粉 1/2 杯

打散的大雞蛋 1 顆

蛋白 1 大顆

蛋黃醬 1 大匙

第戎芥末醬 1 小匙

剁碎的新鮮香芹（巴西里）1/4 杯

新鮮檸檬汁 1 大匙

老海灣海鮮綜合調味料（Old Bay seasoning）1/2 小匙

甜味紅椒粉 1/8 小匙

現磨黑胡椒粉

蟹肉塊約 283 克

橄欖油噴霧

肯瓊蛋黃醬

蛋黃醬 1/4 杯

剁碎的蒔蘿醃黃瓜 1 大匙

新鮮檸檬汁 1 小匙

肯瓊香料粉（Cajun seasoning）*3/4 小匙

擺盤

波士頓萵苣葉 4 片

全麥馬鈴薯麵包或無麩質麵包 4 個

1. **蟹肉餅**：在碗中混合日式麵包粉、全蛋、蛋白、蛋黃醬、芥末醬、香芹、檸檬汁、老灣調味香粉、紅椒粉、鹽和適量的黑胡椒粉，拌勻，再拌入蟹肉，小心不要過度攪拌，輕輕揉成 4 個圓形肉餅，每個約 1/2 杯，約 1.9 公分厚。為兩面都噴上油。

2. 將氣炸鍋預熱至約 188°C。

3. 分批烘烤，將蟹肉餅放入炸鍋籃。烤約 10 分鐘，中途翻面，烤至邊緣呈現金黃色（若使用氣炸式烤箱，請以約 177°C烘烤，時間維持不變）。

4. **同一時間，製作肯瓊蛋黃醬**：在小碗中混合蛋黃醬、醃黃瓜、檸檬汁和肯瓊香料粉。

5. **擺盤**：在每個麵包底部擺上萵苣葉，鋪上蟹肉餅和滿滿 1 大匙的肯瓊蛋黃醬。加上麵包上蓋並享用。

苗條情報

· 若要享用無麩質的版本，請使用無麩質的麵包，或是完全不用麵包，改將蟹肉餅擺在一層奶油萵苣上享用。

· 老海灣海鮮綜合調味料也有人稱美式月桂調味粉，在美國家喻戶曉，常用於海鮮、燒烤等調味上，在台灣可於網路上購買的到。

* 請閱讀標籤，以確保為無麩質產品。

每份：1 個三明治 · 熱量 354 · 脂肪 18.5 克 · 飽和脂肪 2.5 克 · 膽固醇 123 毫克 · 碳水化合物 25 克 · 纖維 3.5 克 · 蛋白質 25 克 · 糖 5 克 · 鈉 914 毫克

Q
GF
DF
K

香料烤鮭魚佐黃瓜酪梨莎莎醬
Blackened Salmon
with Cucumber-Avocado Salsa

從開始到結束，這道菜不到20分鐘就能完成——就是這道食譜最成功的地方了！我偏好製作自己的碳烤綜合香料，以便掌控辣度。微辣的香料，和涼爽的黃瓜酪梨莎莎醬簡直絕配。如果你喜歡吃辣，只要增加卡宴辣椒粉（cayenne pepper）的量即可！

鮭魚

甜味紅椒粉 1 大匙

卡宴辣椒粉 1/2 小匙

蒜粉 1 小匙

乾燥奧勒岡 1 小匙

乾燥百里香 1 小匙

猶太鹽 3/4 小匙

現磨黑胡椒粉 1/8 小匙

橄欖油噴霧

野生鮭魚片 4 片（每片約 170 克）

黃瓜酪梨莎莎醬

切碎的紅洋蔥 2 大匙

新鮮檸檬汁 1 又 1/2 大匙

特級初榨橄欖油 1 小匙

鹽 1/4 小匙，再加 1/8 小匙

現磨黑胡椒粉

迷你小黃瓜 4 根，切丁

哈斯酪梨 1 顆（約 170 克），切丁

1. **鮭魚：** 在碗中混合紅椒粉、卡宴辣椒粉、蒜粉、奧勒岡、百里香、鹽和黑胡椒粉。為魚的兩面噴上油，均勻抹開。為魚的每一面均勻地鋪上香料。

2. **黃瓜酪梨莎莎醬：** 在中型碗中混合紅洋蔥、檸檬汁、橄欖油、鹽和適量的黑胡椒粉。靜置 5 分鐘，接著加入黃瓜和酪梨。

3. 將氣炸鍋預熱至約 204℃。

4. 分批烘烤，將鮭魚片擺在炸鍋籃裡，魚皮面朝下，烤至魚肉可用叉子輕鬆剝離，依魚的厚度而定，約烤 5 至 7 分鐘（若使用氣炸式烤箱，時間和溫度維持不變）。鋪上莎莎醬即可享用。

每份：2 片魚片＋3/4 杯莎莎醬 · 熱量 340 · 脂肪 18.5 克 · 飽和脂肪 3 克 · 膽固醇 94 毫克 · 碳水化合物 8 克 · 纖維 4 克 · 蛋白質 35 克 · 糖 2 克 · 鈉 396 毫克

檸檬杏仁酥烤魚

Roasted Fish
with Lemon-Almond Crumbs

這簡單的杏仁配料——以碎杏仁、檸檬皮和蔥製成,帶來滿滿的酥脆、味道和口感,讓它成為比「麵包粉酥炸」魚更健康的選擇。這道菜很適合低醣飲食者(非低醣飲食者一樣適合!)。此外,杏仁含有讓人持續感到滿足的營養素和健康脂肪。這道配方可搭配任何的白肉魚,但請記住,烹調時間會依魚肉的厚度而稍有不同。

整顆的生杏仁 1/2 杯

切成細碎的蔥 1 根

刨碎的檸檬皮和檸檬汁 1 顆

特級初榨橄欖油 1/2 大匙

鹽 3/4 小匙

現磨黑胡椒粉

去皮魚片(例如大比目魚、銀鱈、海鱸魚)4 片(每片約 170 克)

橄欖油噴霧

第戎芥末醬 1 小匙

1. 用食物調理機將杏仁約略攪碎,移至小碗中,加入蔥、檸檬皮和橄欖油,用 1/4 小匙的鹽和適量的黑胡椒粉調味,攪拌均勻。

2. 在魚的表面噴上油,將檸檬汁擠在魚上,用剩餘 1/2 小匙的鹽和適量的黑胡椒粉調味,在魚的表面鋪上芥末醬,再將杏仁混料平均地鋪在魚的表面,按壓附著。

3. 將氣炸鍋預熱至約 191°C。

4. 分批烘烤,在炸鍋籃裡鋪上一層魚片。烤至表面的碎屑變為金黃色且魚熟透,依魚片的厚度而定,約 7 至 8 分鐘或更久(若使用氣炸式烤箱,請以約 177°C 烤約 7 分鐘)。即可享用。

每份:1 片魚片 · 熱量 282 · 脂肪 13 克 · 飽和脂肪 1.5 克 · 膽固醇 83 毫克 · 碳水化合物 6 克 · 纖維 2.5 克 · 蛋白質 36 克 · 糖 1 克 · 鈉 359 毫克

炸魚丸佐檸檬蒔蘿大蒜蛋黃醬

Fish Croquettes with Lemon-Dill Aioli

我是吃炸馬鈴薯丸長大的孩子（超愛吃），我媽會把用剩的雞肉或其他食材混馬鈴薯做成丸子，其中炸魚丸永遠是我的最愛。任何片狀的白魚肉（我用鱈魚做過測試）都可以製作炸魚丸。比起馬鈴薯，我媽的快速祕訣則是使用盒裝的馬鈴薯泥（實際上附著力更強）。簡單的檸檬蒔蘿大蒜蛋黃醬則讓這道菜畫龍點睛，搭配黃瓜沙拉就是一份正餐。

炸魚丸

大雞蛋 3 顆

生鱈魚片約 340 克，用 2 根叉子剝成碎片

脂肪含量 1% 的牛乳 1/4 杯

盒裝速食馬鈴薯泥 1/2 杯

橄欖油 2 小匙

切碎的新鮮蒔蘿 1/3 杯

剁碎的紅蔥頭 1 顆

剁碎的大蒜 1 大瓣

一般或無麩質麵包粉 3/4 杯再加 2 大匙

新鮮檸檬汁 1 小匙

鹽 1 小匙

乾燥百里香 1/2 小匙

現磨黑胡椒粉 1/4 小匙

橄欖油噴霧

檸檬蒔蘿大蒜蛋黃醬

蛋黃醬 5 大匙

檸檬汁 1/2 顆

切碎的新鮮蒔蘿 1 大匙

1. **炸魚丸**：在中型碗中輕輕攪打 2 顆蛋。加入魚、牛乳、速食馬鈴薯泥、橄欖油、蒔蘿、紅蔥頭、大蒜、2 大匙的麵包粉、檸檬汁、鹽、百里香和黑胡椒粉，攪拌至充分混合。冷藏 30 分鐘。

2. **檸檬蒔蘿大蒜蛋黃醬**：在小碗中混合蛋黃醬、檸檬汁和蒔蘿。

3. 量出約 3 又 1/2 大匙的魚混料，用手輕輕揉成約 8 公分長的橢圓形，重複同樣的步驟，共揉出 12 個。

4. 在碗中攪打剩餘的蛋，在另一個碗中放入剩餘 3/4 的麵包粉，將魚丸沾取蛋液，接著裹上麵包粉，輕輕按壓，讓麵包粉附著。擺在工作檯上，為兩面噴上油。

5. 將氣炸鍋預熱至約 177℃。

6. 分批烘烤，在炸鍋籃裡鋪上一層魚丸，烤約 10 分鐘，中途輕輕翻面，烤至呈現金黃色（若使用氣炸式烤箱，溫度維持不變，烤 8 分鐘）。搭配大蒜蛋黃醬做為沾醬享用。

每份：3 顆炸魚丸＋沾醬 1 又 1/2 大匙 · 熱量 461 · 脂肪 21.5 克 · 飽和脂肪 4 克 · 膽固醇 183 毫克 · 碳水化合物 41 克 · 纖維 3.5 克 · 蛋白質 26 克 · 糖 5 克 · 鈉 652 毫克

5 人份

鮭魚漢堡佐檸檬酸豆蛋黃醬

Salmon Burgers
with Lemon-Caper Rémoulade

磨碎的鮭魚肉可做為黏著劑，讓你可減少麵包粉的用量，因此每次做出來的漢堡口感都很濕潤。若想少吃點麵包，也可將麵包換掉，改將鮭魚排擺放在單層生菜上。

檸檬酸豆蛋黃醬

蛋黃醬 1/2 杯

瀝乾水分且剁碎的酸豆 2 大匙

切碎的新鮮香芹（巴西里）2 大匙

新鮮檸檬汁 2 小匙

鮭魚肉餅

去皮去骨的野生鮭魚片約 454 克

一般或無麩質的日式麵包粉 6 大匙

剁碎的紅洋蔥 1/4 杯，再加上組裝用紅洋蔥薄片 1/4 杯

剁碎的大蒜 1 瓣

稍微打散的大雞蛋 1 顆

第戎芥末醬 1 大匙

新鮮檸檬汁 1 小匙

切碎的新鮮香芹（巴西里）1 大匙

鹽 1/2 小匙

擺盤

全麥馬鈴薯麵包或無麩質麵包 5 個

奶油萵苣葉 10 片

1. **檸檬酸豆蛋黃醬**：在小碗中混合蛋黃醬、酸豆、香芹和檸檬汁，拌勻。

2. **鮭魚肉餅**：將約 113 克的鮭魚切成塊狀，用食物調理機攪打至形成膏狀（這有助讓漢堡固定成形）。將剩餘的鮭魚用鋒利的刀切成小丁。

3. 在碗中，將攪打後鮭魚肉泥、麵包粉、剁碎的紅洋蔥、大蒜、蛋、芥末醬、檸檬汁、香芹及鹽混合，輕輕拌勻。將完成的混料捏成 5 塊約 1.9 公分厚的肉餅。冷藏至少 30 分鐘（有助肉餅烘烤時固定成形）。

4. 將氣炸鍋預熱至約 204℃。

5. 分批烘烤，將肉餅放入炸鍋籃，烤約 12 分鐘，中途輕輕翻面，烤至金黃熟透（若使用氣炸式烤箱，溫度和時間維持不變）。

6. **擺盤**：在每塊麵包上擺上 1 塊肉餅，在每塊肉餅上鋪上 2 片萵苣葉、2 大匙檸檬酸豆蛋黃醬和紅洋蔥薄片。

苗條情報

購買鮭魚時，請尋找有信譽的魚販。我只會購買野生品種，且在捕捉當下急速冷凍，解凍後不會擺放太久的鮭魚。

每份：1 個漢堡 · 熱量 436 · 脂肪 26.5 克 · 飽和脂肪 4 克 · 膽固醇 96 毫克 · 碳水化合物 24 克 · 纖維 4 克 · 蛋白質 28 克 · 糖 5 克 · 鈉 616 毫克

蔬菜主食與配菜
VEGETABLE MAINS & SIDES

番茄菠菜乳酪鑲波特菇
Tomato, Spinach, and Feta Stuffed Portobellos

肥美多汁、擁有大片白淨凹槽的波特菇,非常適合填入任何你想得到的餡料!我認為,餡料的美味組合是新鮮番茄、菠菜、香草、乳酪,而且不必預煮任何食材,製作真的好簡單;填入餡料,將所有的食材同時煮熟就好。搭配沙拉或藜麥,就可以做為無肉主餐享用,搭配雞肉或魚肉,則成為絕佳配菜。

波特菇 4 大顆(每顆約 85 克)

橄欖油噴霧

鹽

切碎的中型李子番茄 2 顆

約略切碎的菠菜 1 杯

菲達乳酪碎屑 3/4 杯

切碎的紅蔥頭 1 顆

剁碎的大蒜 1 大瓣

切碎的新鮮羅勒 1/4 杯

一般或無麩質的日式麵包粉 2 大匙

切碎的新鮮奧勒岡 1 大匙

現刨帕馬森乳酪 1 大匙

現磨黑胡椒粉 1/8 小匙

橄欖油 1 大匙

巴薩米克香醋(非必要),淋在表面

1. 用小的金屬湯匙小心地刮去每顆波特菇的黑色菌褶部分。在波特菇的兩面噴上橄欖油,並用少量的鹽調味。

2. 在碗中混合番茄、菠菜、菲達乳酪、紅蔥頭、大蒜、羅勒、日式麵包粉、奧勒岡、帕馬森乳酪、1/4 小匙的鹽、黑胡椒粉和橄欖油,拌勻。小心地為每顆波特菇填入混料。

3. 將氣炸鍋預熱至約 188°C。

4. 分批烘烤,在炸鍋籃裡鋪上一層鑲餡波特菇,烤 10 至 12 分鐘,烤至波特菇變得柔軟,而且表面呈現金黃色(若使用氣炸式烤箱,請將炸鍋籃擺在下層烤架位置,以約 191°C 烤約 10 分鐘)。

5. 使用彈性煎鏟,小心地將波特菇從炸鍋籃中取出,移至餐盤上,在波特菇表面淋上巴薩米克香醋(非必要)後享用。

苗條情報

波特菇全名叫波特貝拉菇,俗稱洋菇。應保持乾燥並冷藏至準備要使用的時刻;可保存達一星期的時間。請尋找邊緣夠厚且未破損的波特菇,以免乳酪在烤的過程中會滲出。

每份:1 顆鑲餡波特菇 · 熱量 160 · 脂肪 10 克 · 飽和脂肪 5 克 · 膽固醇 26 毫克 · 碳水化合物 11 克 · 纖維 3 克 · 蛋白質 8 克 · 糖 6 克 · 鈉 498 毫克

芝麻脆皮照燒豆腐「排」
Sesame-Crusted Teriyaki Tofu "Steaks"

如果你從未嚐過豆腐，而且不確定是否會喜歡，那這道菜應該能贏得你的芳心！它的做法出奇簡單，鬆脆的芝麻脆皮大大增強了豆腐的口感，和照燒醬是如此絕配，我發誓這道菜甚至會讓一心一意討厭豆腐的人也回心轉意。我請家人試吃這道菜，大家都認為這道配方值得收錄在書中！只要搭配糙米或白花椰飯，以及一些毛豆或炒蔬菜，就可做為一餐。

豆腐

板豆腐 198 克（約 1/2 塊），將水分瀝乾，切成 4 片（約 1.3 公分厚）

減鈉醬油 * 或日本溜醬油 2 大匙

烤芝麻油 1 小匙

未調味米醋 1 小匙

紅糖 1 小匙

刨碎大蒜 1 瓣

刨碎生薑 1/2 小匙

黑白芝麻籽 1/3 杯

大雞蛋 1 顆

橄欖油噴霧

是拉差蛋黃辣醬

蛋黃醬 4 小匙

是拉差香甜辣椒醬 1 小匙

裝飾用蔥花 1 根（非必要）

1. **豆腐**：將豆腐切片擺在廚房毛巾或紙巾上。蓋上另一條毛巾，輕輕壓去豆腐多餘的水分，移至夠大可以將豆腐鋪開成一層的淺盤或焗烤盤中。

2. 在碗中攪拌醬油、芝麻油、醋、紅糖、大蒜和薑，將一半的醃漬醬料淋在豆腐上，接著輕輕翻面，將剩餘的醬料淋在另一面。冷藏醃漬至少 1 小時或一整晚。

3. 將芝麻籽放入小盤或派盤中。在另一碗中打散蛋液。將豆腐片從醃漬醬料中取出，讓多餘的醬料滴落，接著沾取蛋液，再將豆腐放入有芝麻籽的盤中沾取芝麻籽，仔細包覆每一面，移至工作檯上，為兩面噴上橄欖油。（將多餘的醃漬醬料倒掉）

4. 將氣炸鍋預熱至約 204°C。

5. 分批烘烤，在炸鍋籃中鋪上一層豆腐，烤約 10 分鐘，中途翻面，烤至焦黃酥脆（若使用氣炸式烤箱，請以約 177°C 烤 8 分鐘）。

6. **同一時間，製作是拉差蛋黃辣醬**：在碗中混合蛋黃醬和是拉差香甜辣椒醬。

7. 擺盤時，在每塊豆腐排上淋上是拉差蛋黃辣醬，並撒上一些蔥花（若有使用的話）。即可享用。

* 請閱讀標籤，以確保為無麩質產品。

每份：2 塊豆腐排＋2 又 1/2 大匙的醬汁 · 熱量 321 · 脂肪 24.5 克 · 飽和脂肪 4 克 · 膽固醇 50 毫克 · 碳水化合物 14 克 · 纖維 4.5 克 · 蛋白質 14 克 · 糖 4 克 · 鈉 716 毫克

水牛城花椰偽雞塊
Buffalo Cauliflower Nuggets

白花椰菜幾乎可以變成任何料理，從米飯、偽馬鈴薯泥到披薩脆皮，任君挑選！為了讓厭惡白花椰菜的家人們吃下這顆十字花科的蔬菜，我最愛的方式是輕輕拍上蛋液，裹上麵粉，接著氣炸，再淋上辣醬。不論平日或節慶，任何時刻都可以製作這些偽辣雞塊——只需搭配藍紋乳酪沾醬緩和辣度即可！

大雞蛋 3 顆，打散

中筋或無麩質麵粉 1/2 杯

1 口大小的白花椰菜小花 28 朵（約 454 克／切成約 3.8 公分）

橄欖油噴霧

美式辣雞翅醬 6 大匙

融化的無鹽奶油 1 大匙

自製或現成的藍紋乳酪沾醬（見 32 頁，非必要）

胡蘿蔔條和芹菜條（非必要）

1. 將氣炸鍋預熱至約 193℃。

2. 將蛋放入碗中。在另一個中型碗中放入麵粉。將白花椰菜沾取蛋液，接著裹上麵粉，抖去多餘的麵粉。擺在工作檯上，為兩面噴上油。

3. 分批烘烤，在炸鍋籃中鋪上一層白花椰菜，烤 7 至 8 分鐘，中途翻面，烤至金黃熟成，再換一批烘烤，在都烤完時，將所有的白花椰菜放回氣炸鍋，回烤 1 分鐘，讓內部夠熱（若使用氣炸式烤箱，請以約 177℃ 烘烤，時間維持不變）。

4. 移至大碗中，拌入辣醬和融化奶油。可依個人喜好搭配藍紋乳酪沾醬和蔬菜條享用。

苗條情報

可將麵粉換成杏仁粉，製作成低醣和生酮飲食版本。

每份：7 塊・熱量 143・脂肪 6.5 克・飽和脂肪 3 克・膽固醇 147 毫克・碳水化合物 14 克・纖維 3 克・蛋白質 8 克・糖 3 克・鈉 943 毫克

墨西哥街頭烤玉米
Mexican Street Corn

當我到紐約市的皇后區時，街頭小販賣的墨西哥烤玉米就是我無法抗拒的美味。表面鋪上大量的蛋黃醬、科提加（Cotija）乳酪、香菜、安丘辣椒粉和萊姆，它是如此美味！

後來我發現用氣炸鍋就能烤出軟糯香酥的夏季甜玉米，原來在家烤玉米如此輕而易舉。傳統的烤玉米，因為用手拿，雙手會弄得髒兮兮，因此我把玉米穗軸切掉，吃起來較為方便。

去外皮的中型玉米 4 穗

橄欖油噴霧

蛋黃醬 2 大匙

新鮮萊姆汁 1 大匙

安丘辣椒粉（ancho chile powder）
1/2 小匙

鹽 1/4 小匙

科提加或菲達（feta）乳酪碎屑約 57
克

切碎的新鮮 2 大匙

1. 將氣炸鍋預熱至約 191℃。

2. 為玉米噴上橄欖油。分批烘烤，在炸鍋籃中鋪上一層玉米，烤約 7 分鐘，中途翻面，烤至用水果刀刺穿時玉米粒軟化（若使用氣炸式烤箱，請以約 177℃烤約 6 分鐘）。在冷卻至可用手拿取時的溫度，請將玉米粒從玉米穗軸上切下。

3. 在碗中混合蛋黃醬、萊姆汁、安丘辣椒粉和鹽，加入玉米粒，攪拌均勻。移至餐盤，並鋪上科提加乳酪和香菜即可享用。

苗條情報

安丘辣椒粉是由完全熟成且乾燥的波布拉諾辣椒（poblano）製作而成，香氣濃郁並不特別辣，而且價格平實，是墨西哥人廚房裡的好朋友。

每份：3/4 杯 · 熱量 181 · 脂肪 10.5 克 · 飽和脂肪 3.5 克 · 膽固醇 18 毫克 · 碳水化合物 19 克 · 纖維 3 克 · 蛋白質 7 克 · 糖 3 克 · 鈉 329 毫克

甜辣橡實南瓜
Sugar and Spice Acorn Squash

這道秋季美食甜得恰到好處，而且容易製作，很適合做為豬排或豬里肌的配菜。我特別愛製作這道配方的原因在於：在烘烤添加了肉桂和肉豆蔻的南瓜時，整間屋子會散發出秋天的氣息。不過切記，請挑選結實且份量重的橡實南瓜。

椰子油 1 小匙

（我使用的是初榨椰子油）

中型橡實南瓜 1 顆（對切並去籽）

紅糖 1 小匙

肉豆蔻粉少許

肉桂粉少許

1. 為橡實南瓜的切面抹上椰子油。灑上紅糖、肉豆蔻粉和肉桂粉。

2. 將氣炸鍋預熱至約 163°C。

3. 將切半的橡實南瓜切面朝上地放入炸鍋籃，烤 15 分鐘，烤至用細刀尖或細針可以輕易刺入，且中央是軟化的（若使用氣炸式烤箱，請以約 149°C 烘烤，時間維持不變）。即可享用。

苗條情報

· 以高溫微波橡實南瓜 2 至 3 分鐘，讓橡實南瓜較容易切割。如果沒有微波也可以稍微蒸一下，不要全熟，有點軟化方便切割就好。

· 橡實南瓜也能用市場常見的小南瓜取代。

每份：半個南瓜 · 熱量 114 · 脂肪 2.5 克 · 飽和脂肪 2 克 · 膽固醇 0 毫克 · 碳水化合物 25 克 · 纖維 3 克 · 蛋白質 2 克 · 糖 2 克 · 鈉 7 毫克

培根烤球芽甘藍
Brussels Sprouts with Bacon

球芽甘藍——有些人喜歡，有些人不喜歡？將球芽甘藍煮至軟嫩至可用叉子切開，而且表面焦黃酥脆，就徹底改變了球芽甘藍的命運。培根與球芽甘藍是經典的組合：酥脆培根濃郁的煙燻味，搭配甘藍的微苦，美味得恰到好處。

切半的中段培根 3 片

球芽甘藍約 454 克，去掉不要的部分後切半

特級初榨橄欖油 1 又 1/2 大匙

鹽 1/4 小匙

乾燥百里香 1/4 小匙

1. 將氣炸鍋預熱至約 177℃。

2. 在炸鍋籃中鋪上一層培根，烤約 10 分鐘，烤至酥脆。將培根移至鋪有紙巾的盤中，將油吸乾，接著約略切碎（若使用氣炸式烤箱，溫度維持不變，烤約 8 分鐘）。

3. 將橄欖油與球芽甘藍拌勻，再撒上鹽和百里香，攪拌至球芽甘藍被調味料均勻包覆。

4. 分批烘烤，在炸鍋籃中鋪上一層球芽甘藍，烤約 13 分鐘，中途搖動，烤至金黃色且軟化（若使用氣炸式烤箱，溫度維持不變，烤約 10 分鐘）。移至餐盤中，鋪上培根後享用。

苗條情報

在準備球芽甘藍（又稱孢子甘藍）時，較大的甘藍需要多烤幾分鐘，較小的則需要少烤幾分鐘，因此請盡量選擇大小均等的甘藍，以便掌握熟度。請務必先去掉外層所有已褪色的葉片。

每份：2/3 杯‧熱量 116‧脂肪 7 克‧飽和脂肪 1.5 克‧膽固醇 2 毫克‧碳水化合物 10 克‧纖維 4.5 克‧蛋白質 6 克‧糖 2 克‧鈉 189 毫克

碳烤芝麻四季豆

Charred Sesame Green Beans

向我最喜歡的四季豆料理方式說「哈囉」！我從來就不愛吃蒸熟的四季豆，但這些烤至焦香酥脆（用氣炸鍋就能輕鬆辦到）的四季豆，就是好吃不無聊！另外，它們裹上的香辣醬油芝麻醬，真的美味到會讓人上癮，我可以一口氣吃光一次烤出來的所有四季豆。這道配菜和鮭魚或豆腐簡直絕配。

減鈉醬油＊或日式溜醬油 1 大匙

是拉差香甜辣椒醬 1/2 大匙

烤芝麻油 4 小匙

處理好的四季豆約 340 克

熟白芝麻 1/2 大匙

＊ 請閱讀標籤，以確保為無麩質產品。

1. 在小碗中混合醬油、是拉差香甜辣椒醬和 1 小匙的芝麻油。

2. 在大碗中混合四季豆和剩餘 3 小匙的芝麻油，攪拌至油均勻覆蓋四季豆。

3. 將氣炸鍋預熱至約 191℃。

4. 分批烘烤，在炸鍋籃中鋪上一層四季豆，烤約 8 分鐘，中途搖動炸鍋籃，烤至焦黃柔軟（若使用氣炸式烤箱，請以約 177℃烤約 9 分鐘）。移至餐盤，拌上醬汁和白芝麻享用。

苗條情報

・若要製作義式風味的變化版本，請略過芝麻油、醬油和是拉差香甜辣椒醬，改用橄欖油、1/4 小匙的鹽和蒜粉調味。為烤好的四季豆拌上帕馬森乳酪絲。

・處理好的四季豆指的是已去掉粗絲邊後的四季豆。

每份：1/2 杯・熱量 77・脂肪 5 克・飽和脂肪 1 克・膽固醇 0 毫克・碳水化合物 7 克・纖維 3 克・蛋白質 2 克・糖 2 克・鈉 169 毫克

蘆筍培根卷
Bacon-Wrapped Asparagus Bundles

我喜歡把培根卷視為小確幸！小束的蘆筍以少許檸檬皮調味，以培根捲起，再用氣炸鍋炸至外皮酥脆，內部多汁，非常適合搭配雞肉、牛排或豬排。請注意，烹調時間可能會依蘆筍莖的厚度而稍有不同。

蘆筍莖 20 根（約 340 克）
（將過老的末端切掉）

橄欖油噴霧

刨碎檸檬皮 1/2 小匙

鹽 1/8 小匙

現磨黑胡椒粉

中段培根 4 片

1. 將蘆筍擺在小烤盤中，噴上橄欖油，用檸檬皮、鹽和適量黑胡椒粉調味，攪拌至蘆筍被調味料均勻包覆。將蘆筍分成 4 束，每束 5 根，用一片培根從中段包起固定。

2. 將氣炸鍋預熱至約 204°C。

3. 分批烘烤，在炸鍋籃中鋪上成束的蘆筍，烤至培根變為酥脆焦黃，蘆筍的邊略焦，時間依蘆筍莖的厚度而定，約烤 8 至 10 分鐘（若使用氣炸式烤箱，溫度和時間維持不變）。

苗 條 情 報

為了在準備要料理之前讓蘆筍保持新鮮有水分，我會切去末端，直立插在裝有水的罐子裡冷藏保存，如同鮮切花（註）的保存方式。

（註）鮮切花又稱切花，指的是從活的植株上切取的植物材料，具觀賞價值，可用來製作花籃、花圈等裝飾。

每份：1 束 · 熱量 47 · 脂肪 2.5 克 · 飽和脂肪 1 克 · 膽固醇 3 毫克 · 碳水化合物 3 克 · 纖維 2 克 · 蛋白質 4 克 · 糖 2 克 · 鈉 157 毫克

炸薯條

French Fries

酥脆、可口,但又去油的薯條?給我來一份!儘管許多氣炸薯條配方要求先將馬鈴薯泡水,但我發現不需要這樣做,就能炸到恰恰好的酥脆。訣竅在於:將馬鈴薯切成平均約0.6公分厚的薯條、勿將炸鍋籃塞太滿,並在中途翻面。可依各人喜好調味,我愛基本的調味混料,如果再鋪上帕馬森乳酪絲也很美味。

洗淨並晾乾的育空黃金(Yukon Gold)或褐皮馬鈴薯 2 顆(約 170 克)

橄欖油 2 小匙

鹽 1/4 小匙

蒜粉 1/4 小匙

現磨黑胡椒粉

1. 將馬鈴薯縱切成約 0.6 公分厚的片狀,接著再切成約 0.6 公分厚的薯條。

2. 在碗中,用油攪拌馬鈴薯,再用鹽、蒜粉和適量的黑胡椒粉調味,攪拌至馬鈴薯被調味料完全沾裹。

3. 將氣炸鍋預熱至約 193℃。

4. 分批烘烤,在炸鍋籃中鋪上一層馬鈴薯(勿交疊),烤 12 至 15 分鐘,中途翻面,烤至金黃酥脆(若使用氣炸式烤箱,請以約 177℃烘烤,時間維持不變)。即可享用。

苗條情報

· 在台灣可以挑選常見的大顆帶皮馬鈴薯即可。

· 蔬果切片器在此非常實用,可削出均勻的薄片。另外值得注意的是,若你的薯條削得比蔬果切片器切出的還要粗,烘烤的時間要再加長。

每份:1/2 批 · 熱量 175 · 脂肪 4.5 克 · 飽和脂肪 0.5 克 · 膽固醇 0 毫克 · 碳水化合物 31 克 · 纖維 2 克 · 蛋白質 4 克 · 糖 1 克 · 鈉 149 毫克

Q
V
GF

切達乳酪焗烤綠花椰
Cheddar Broccoli Gratin

這道簡單的配菜簡直就是綠花椰的天堂，柔軟的綠花椰烤至邊緣焦黃，配上酥脆的起司配料，你知道最棒的是什麼嗎？有了氣炸鍋，只要極少的時間就能快速做出這道菜——我的意思是頂多15分鐘。只要將所有材料都拌在一起，倒入焗烤盤，再按下開始，誰想加入我的行列呢？

橄欖油噴霧

橄欖油 1/2 大匙

中筋或無麩質麵粉 1 大匙

脫脂牛乳 1/3 杯

鼠尾草粉 1/2 小匙

鹽 1/4 小匙

現磨黑胡椒粉 1/8 小匙

稍微切碎的綠花椰菜小花 2 杯（約 142 克）

特濃切達乳酪絲 6 大匙（約 43 克）

一般或無麩質日式麵包粉 2 大匙

現刨帕馬森乳酪 1 大匙

1. 為約 7 英吋（約 18 公分）的圓形焗烤盤或蛋糕烤模噴上油。

2. 在碗中攪拌橄欖油、麵粉、牛乳、鼠尾草、鹽和黑胡椒粉，加入綠花椰菜、切達乳酪絲、日式麵包粉和帕馬森乳酪，拌勻。移至焗烤盤中。

3. 將氣炸鍋預熱至約 166℃。

4. 將焗烤盤放入炸鍋籃，烤 12 至 14 分鐘，烤至綠花椰菜脆軟，乳酪的表面呈現金棕色（若使用氣炸式烤箱，請以小的長方形焗烤盤以約 149℃焗烤 12 分鐘），即可享用。

每份：3/4 杯 · 熱量 193 · 脂肪 11.5 克 · 飽和脂肪 5.5 克 · 膽固醇 25 毫克 · 碳水化合物 13 克 · 纖維 2 克 · 蛋白質 10 克 · 糖 4 克 · 鈉 359 毫克

酥脆洋蔥圈
Crispy Onion Rings

你可以說我瘋狂,但我一直偏好洋蔥圈多過於薯條,直到現在仍是如此!老實說,酥脆的氣炸洋蔥圈(裹上玉米片和麵包粉)比起油膩膩的油炸洋蔥圈要好吃太多了。

中型洋蔥 1 顆(約 55 克)

玉米片 1 又 1/2 杯(約 43 克)

調味麵包粉(seasoned bread crumbs)1/2 杯

甜味紅椒粉 1/2 小匙

低脂酪奶(buttermilk)1/2 杯

大雞蛋 1 顆

中筋麵粉 1/4 杯

鹽 1/2 小匙

橄欖油噴霧

1. 將洋蔥的末端根部切除,接著將洋蔥打橫切 4 刀斷開(約 0.8-1 公分厚的片狀),並分開成環狀。

2. 用食物處理機將玉米片攪碎,移至碗中,拌入麵包粉和紅椒粉。在另一個碗中將酪奶、蛋、麵粉和 1/2 小匙的鹽攪拌均勻。

3. 分批處理,先將洋蔥圈沾取酪奶麵糊,接著放入玉米片混料中仔細包裹上麵衣。擺在一旁的工作檯上,兩面都噴上油。

4. 將氣炸鍋預熱至約 171°C。

5. 分批烘烤,在炸鍋籃中鋪上一層洋蔥圈,烤約 10 分鐘,中途翻面,烤至金黃色(若使用氣炸式烤箱,請以約 149°C 烘烤,時間維持不變),即可享用。

苗條情報

「調味麵包粉」是指用香料及鹽等調味過的麵包粉,亦可用一般麵包粉取代,食用前再依各人喜好調味即可。

每份:約 5 個洋蔥圈·熱量 132·脂肪 1.5 克·飽和脂肪 0.5 克·膽固醇 31 毫克·碳水化合物 25 克·纖維 1.5 克·蛋白質 5 克·糖 6 克·鈉 413 毫克

V
GF

完美焗烤馬鈴薯佐優格和蝦夷蔥
Perfectly Baked Potatoes with Yogurt and Chives

餐廳風格的焗烤馬鈴薯從氣炸鍋中完美出爐——內部蓬鬆脆口，外皮帶有鹽味，而且跟一般烤箱相比下，只需要片刻的時間就能料理完畢。這道配方超級簡單：我只是在馬鈴薯上鋪上一些希臘優格和蝦夷蔥而已，你也可以再加上喜歡的配料，例如綠花椰菜和起司、辣椒或培根。

洗淨並晾乾的褐皮馬鈴薯 4 顆（約 198 克）

橄欖油噴霧

鹽 1/2 小匙

低脂希臘優格 1/2 杯

剁碎的新鮮蝦夷蔥 1/4 杯

現磨黑胡椒粉

1. 用叉子在馬鈴薯的各處戳洞，為每顆馬鈴薯噴上少量的油，用 1/4 小匙的鹽為馬鈴薯調味。

2. 將氣炸鍋預熱至約 204°C。

3. 將馬鈴薯放入炸鍋籃，烤約 35 分鐘，中途翻面，烤至刀可輕易插入每顆馬鈴薯的中央（若使用氣炸式烤箱，請以約 177°C 烘烤，時間維持不變）。

4. 將馬鈴薯取出，對切打開，鋪上優格、蝦夷蔥、剩餘 1/4 小匙的鹽和適量的黑胡椒粉就完成了。

每份：1 顆馬鈴薯 · 熱量 162 · 脂肪 0.5 克 · 飽和脂肪 0.5 克 · 膽固醇 3 毫克 · 碳水化合物 37 克 · 纖維 2.5 克 · 蛋白質 7 克 · 糖 2 克 · 鈉 159 毫克

酥脆地瓜薯條
Crispy Sweet Potato Fries

用氣炸鍋烘烤的地瓜薯條，出爐時滋味誘人，外皮酥脆，內部香軟綿密，達到恰到好處的平衡。只是要盡量將地瓜切成同樣的大小，這樣所有的薯條才能同時烤熟，才不會有的烤過頭燒焦，或是不夠熟的情況發生。

去皮地瓜 2 顆（約 170 克）

橄欖油 2 小匙

鹽 1/2 小匙

蒜粉 1/2 小匙

甜味紅椒粉 1/4 小匙

現磨黑胡椒粉

1. 將馬鈴薯縱切成約 0.6 公分厚的片狀，接著再將每片切成 0.6 公分厚的長條狀薯條。移至大碗中，用油、鹽、蒜粉、紅椒粉和適量的黑胡椒粉攪拌。

2. 將氣炸鍋預熱至約 204℃。

3. 分批烘烤，在炸鍋籃中鋪上一層薯條。烤約 8 分鐘，中途翻面，烤至金棕色且外皮酥脆（若使用氣炸式烤箱，請以約 177℃烤 8 至 10 分鐘），即可享用。

苗條情報

蔬果切片器在此非常實用，可削出均勻的薄片。另外值得注意的是，若你的薯條削得比蔬果切片器切出的還要粗，烘烤的時間就需要加長。

每份：1/2 批 · 熱量 189 · 脂肪 4.5 克 · 飽和脂肪 0.5 克 · 膽固醇 0 毫克 · 碳水化合物 35 克 · 纖維 5 克 · 蛋白質 3 克 · 糖 7 克 · 鈉 374 毫克

香蕉餅佐祕魯綠辣醬
Tostones with Peruvian Green Sauce

香蕉餅是拉丁美洲和加勒比海地區的主食，亦稱炸香蕉（**patacones**）或炸青大蕉，通常經過油炸、壓碎，然後再炸一次！使用氣炸鍋可減少需要的油量，只要噴幾下橄欖油，出爐時就會酥脆可口。可做為任何餐點的配菜，或是搭配酪梨醬、檸汁醃魚生（ceviche），或是我的最愛之一：祕魯綠辣醬，做為開胃菜享用。

青色大香蕉（green plantain）1 大根

鹽

大蒜粉 3/4 小匙

橄欖油噴霧

擺盤用祕魯綠辣醬（配方見下頁）

1. 用鋒利的刀切去青色大香蕉的末端，為了更輕鬆剝皮，可沿著外皮的長邊劃出一條切縫。將青大蕉橫切成約 2.5 公分厚的八塊，並為每塊去皮。

2. 在小碗中混合 1 杯水、1 小匙的鹽和大蒜粉。

3. 將氣炸鍋預熱至約 204℃。

4. 為每一塊青色大香蕉塊噴上油，移至炸鍋籃中，烤 6 分鐘，中途搖動，烤至軟化（若使用氣炸式烤箱，請以約 191℃烘烤，時間維持不變），立即移至工作檯，趁熱用香蕉餅模（tostonera）將每塊香蕉壓平。

5. 一次一塊的將烤香蕉塊沾取調味過的水，接著移至工作檯（將水倒掉），再為烤香蕉塊的兩面噴上油。

6. 再度將氣炸鍋預熱至約 204℃。

7. 分批烘烤，在炸鍋籃中鋪上一層青大蕉，烤約 10 分鐘，中途翻面，烤至金黃酥脆（若使用氣炸式烤箱，請以約 191℃烤約 8 分鐘）。移至餐盤。趁熱噴上橄欖油，並以 1/8 小匙的鹽調味。立即搭配一旁的綠辣醬享用。

（配方接續下頁）

每份：4 塊 · 熱量 108 · 脂肪 0.5 克 · 飽和脂肪 0 克 · 膽固醇 0 毫克 · 碳水化合物 28 克 · 纖維 2 克 · 蛋白質 1 克 · 糖 13 克 · 鈉 564 毫克

苗條情報

· 「青色大香蕉」是拉丁美洲和加勒比海地區才有的食材，長的很像香蕉，愈綠的愈沒有香蕉味，但這是要煮過才好吃的蔬果，在台灣不好買到，可用生一點的香蕉取代，太熟太甜的香蕉不行喔！

· 「香蕉餅模」是一種木製（或塑膠製）的壓模，用來製作香蕉餅。若沒有香蕉餅模，亦可使用玻璃罐或量杯的底部來壓平香蕉。

祕魯綠辣醬 Peruvian Green Sauce

份量約1又2/3杯

我對這款辣醬真的很著迷！它又稱為aji verde，是一種鮮綠色的香辣調味料，通常可在販售祕魯雞肉的餐廳找到。可搭配雞肉、豆子和魚，非常百搭，也很適合做成酥脆香蕉餅的沾醬。若要增加醬汁的辣度，可保留墨西哥辣椒的籽和囊膜，若想減辣，則可將籽和囊膜都去除。

橄欖油 2 大匙

切碎的紅洋蔥 1/4 杯

淡味蛋黃醬 1/2 杯

蒸餾白醋 2 大匙

黃芥末醬 4 小匙

鹽 1/2 小匙

現磨黑胡椒粉 1/2 小匙

去籽墨西哥辣椒 3 根（保留囊膜並約略切碎，約1杯）

切碎的新鮮香菜（含葉片和莖）2 杯

1. 大蒜 3 瓣（用壓蒜器壓碎）。

2. 在小煎鍋中，以中火加熱1小匙的橄欖油，加入洋蔥烹煮，不時攪拌，煮至軟化，約 3 至 4 分鐘。

3. 將煮好的洋蔥和剩餘 1 大匙的油一起放入食物調理機中，再加上 2 小匙的油、蛋黃醬、醋、黃芥末醬、鹽和黑胡椒粉，加入墨西哥辣椒、香菜和大蒜，以高速攪拌至醬汁濃稠滑順，約 30 秒。可將醬汁以密封容器冷藏儲存，最多可保存一星期。

每份：1 大匙 · 熱量 27 · 脂肪 2.5 克 · 飽和脂肪 0.5 克 · 膽固醇 2 毫克 · 碳水化合物 1 克 · 纖維 0 克 · 蛋白質 0 克 · 糖 0.5 克 · 鈉 60 毫克

8 人份

酥炸茄子
Breaded Fried Eggplant

讓孩子們接受蔬菜可說是一門藝術。因此當我的女兒卡瑞娜在朋友家用晚餐後,我發現她愛上裹麵包粉油炸的茄子時,我自然也開始為她做這道菜。用氣炸鍋來實驗,結果這道菜變得更酥脆可口,而且你還可以直接跟油膩感說再見。更重要的是,卡瑞娜愛死它了!

茄子 1 大顆(約 680 克)

鹽 3/4 小匙

現磨黑胡椒粉

大雞蛋 3 顆

全麥或無麩質調味麵包粉 1 又 2/3 杯

橄欖油噴霧

義大利番茄紅醬(做為沾醬,非必要)

1. 將茄子的末端切掉,將茄子切成約 0.6 公分厚的圓形薄片,約 40 至 42 片。用鹽和適量的黑胡椒粉為茄子的兩面調味。

2. 在淺盤中攪打蛋和 1 小匙的水。在另一個盤中放入麵包粉。將每片茄子沾取蛋液,接著放入麵包粉中,輕輕按壓,讓麵包粉附著,抖落多餘的麵包粉,擺在工作檯上。為茄子的兩面噴上油。

3. 將氣炸鍋預熱至約 193℃。

4. 分批烘烤,在炸鍋籃中鋪上一層茄子。烤約 8 分鐘,中途翻面,烤至金黃酥脆,而且中央熟透(若使用氣炸式烤箱,請以約 177℃烘烤,時間維持不變)。可依個人喜好搭配義大利番茄紅醬,在溫熱時享用。

苗條情報

茄子可做開胃菜或配菜享用,無論是不搭配沾醬,或是搭配義大利番茄紅醬,都很美味。若想將這道菜變成焗烤茄子,可以分層疊上乳酪和義大利番茄紅醬,接著再烤至乳酪融化。

每份:5 個 · 熱量 116 · 脂肪 3 克 · 飽和脂肪 1 克 · 膽固醇 70 毫克 · 碳水化合物 18 克 · 纖維 5 克 · 蛋白質 5 克 · 糖 3 克 · 鈉 515 毫克

甜點 DESSERTS

非常莓果迷你派
Very Berry Mini Pie

我永遠不會忘記在田納西州和我最好的朋友一起慶祝生日的周末。他們用自己做的莓果派給我驚喜，真是深得我心！這迷你派是以四種不同的莓果和少量增添風味的柳橙皮組合而成。為求快速，我使用現成的冷藏派皮，而且只擺在表面以減少卡路里，用湯匙挖著吃，就像吃水果餡餅的感覺。準備好開動了嗎？

噴霧用油

原糖（Raw sugar）1/4 杯

玉米澱粉 2 大匙

香草精 1/4 小匙

散裝碎橙皮 1/2 小匙

切半且切片的草莓 1 杯

覆盆子 2/3 杯

藍莓 2/3 杯

切成 3 塊的黑莓 2/3 杯

現成的冷藏派皮 1 張

大雞蛋 1 顆

1. 為 5 又 1/2 英吋（約 14 公分）的迷你派盤噴上噴霧用油。

2. 在碗中混合糖、玉米澱粉、香草精和橙皮，拌勻，加入草莓、覆盆子、藍莓和黑莓，輕輕拌勻。將混料移至派盤中。

3. 將現成派皮擺在工作檯上，接著裁切成直徑 7 英吋（約 18 公分）的圓形（我用盤子做參考，大約是 78 克的派皮量）。將剩餘的派皮冷藏可做其他配方用。

4. 將派皮擺在派盤上，用叉子在邊緣壓出褶邊並密合，在派皮中央周圍切出 4 道切口。

5. 將蛋和 1 大匙水一起打散，再於派皮表面刷上一層蛋液。

6. 將氣炸鍋預熱至約 177°C。

7. 將派放入炸鍋籃，烤約 15 分鐘，烤至派皮呈現金黃色，莓果熱到冒泡（若使用氣炸式烤箱，將炸鍋籃擺在較低的烤架位置，以約 149°C 烤約 20 分鐘）。放涼至少 15 分鐘後再裁切，讓餡料變濃稠。

苗條情報

· 使用盒裝可直接烘烤的現成冷藏派皮。

· Raw sugar 是指蔗糖沒有過度精精煉過黃褐色的原糖，也有人稱為黃糖或咖啡糖。

每份：1 片（約 1/2 杯）· 熱量 213 · 脂肪 6.5 克 · 飽和脂肪 2.5 克 · 膽固醇 47 毫克 · 碳水化合物 37 克 · 纖維 4.5 克 · 蛋白質 3 克 · 糖 18 克 · 鈉 102 毫克

Ⓥ

迷你吉拿棒
Mini Churros

當我告訴朋友們，我要出版氣炸鍋食譜時，就不斷收到要我提供吉拿棒配方的請求。於是……配方在這裡！在我成長的過程中，我有享受吉拿棒搭配一杯熱巧克力（它們就是天生一對）的美好回憶。當以氣炸鍋製作時，不但更清爽，還比油炸更安全——不必擔心油會濺出，唯一要擔心的就是不小心吃太多！

鹽 1/4 小匙

無鹽奶油 2 大匙

糖 3 大匙

中筋麵粉 1 杯

香草精 1 小匙

橄欖油噴霧

肉桂粉 1/2 小匙

苗條情報

若你沒有裝有星星花嘴的擠花袋，可使用夾鏈袋。將麵糊填入袋中，將袋子底角尖端剪個約 3.2 公分的開口。依指示擠出麵糊，接著用叉子的叉齒在每條麵糊表面拉出線條；將麵糊翻面，另一面也以同樣方式進行。

1. 將 1 杯水、鹽、1 大匙的奶油和 1 大匙的糖混合好，以中火至大火之間的熱度煮沸。煮沸後，離火，加入麵粉和香草精，用木匙攪拌至完全混合，並形成麵球。放涼 5 分鐘。

2. 將麵糊填入裝有星形花嘴的塑膠擠花袋中，將麵糊擠至擠花袋底部（見苗條情報）。將擠花袋的頂端扭轉閉合。在盤子上或工作檯上擠出 10 條麵糊（約 13 公分），噴上油。

3. 將氣炸鍋預熱至約 171℃。

4. 分批烘烤，在炸鍋籃中鋪上 1 層吉拿棒，烤 20 至 22 分鐘，中途翻面，烤至金黃色（若使用氣炸式烤箱，請以約 135℃烤約 26 分鐘）。

5. 同一時間，讓剩餘的奶油在小碗中融化。然後再將剩餘 2 大匙的糖和肉桂粉混合，攪拌均勻。

6. 最後將吉拿棒從氣炸鍋中取出，移至盤中或工作檯上，再為每根吉拿棒刷上少許的融化奶油，接著滾上肉桂粉和糖的混料。剩餘的吉拿棒也以同樣方式處理（可能必須為第 2 批的吉拿棒將奶油稍微加熱，因為奶油冷卻後會凝固）。

每份：2 根吉拿棒 · 熱量 164 · 脂肪 5 克 · 飽和脂肪 3 克 · 膽固醇 12 毫克 · 碳水化合物 27 克 · 纖維 1 克 · 蛋白質 3 克 · 糖 8 克 · 鈉 57 毫克

烤奶酥蘋果派
Baked Streusel Apples

烤蘋果滿足了我對奶酥蘋果派（我最愛的一種派！）的渴望。多虧有氣炸鍋，它們變得更清淡，還能更快速出爐，非常適合任何一個平日的夜晚品嚐。我特別使用了少量的香草冰淇淋來搭配蘋果，我就是無法抗拒這種帶有乳香的冷熱組合。順帶一提，這道料理也很適合搭配少許的打發鮮奶油。

蘋果 2 大顆

中筋或無麩質麵粉 3 大匙

紅糖 3 大匙

肉桂粉 1/8 小匙

冷的無鹽奶油 2 大匙

擺盤用香草冰淇淋（非必要）

1. 將蘋果從中間對切，用小水果刀或湯匙挖去果核和籽。

2. 在碗中混合麵粉、紅糖和肉桂粉，加入奶油，用叉子用切拌的方式拌麵粉，直到形成麵屑狀。用湯匙舀 2 又 1/2 匙的麵屑，撒在每顆切半蘋果表面。

3. 將氣炸鍋預熱至約 163°C。

4. 分批烘烤，將切半蘋果放入炸鍋籃，烤 25 至 27 分鐘，烤至蘋果柔軟，即可用水果刀穿過中央，而且表面的麵屑都烤至金黃色（若使用氣炸式烤箱，請以約 149°C 烘烤，時間則維持不變）。可依個人喜好搭配冰淇淋並趁熱享用。

每份：1/2 顆烤蘋果・熱量 167・脂肪 6 克・飽和脂肪 3.5 克・膽固醇 15 毫克・碳水化合物 29 克・纖維 2.5 克・蛋白質 1 克・糖 21 克・鈉 5 毫克

香蕉杏桃千層酥餅
Banana-Apricot Turnovers

只需四種食材,在任何一個嘴饞的夜晚你都能在不到30分鐘內快速做出這道簡單的甜點(冷凍千層酥皮真是太方便了!)。你可自在地嘗試各種不同的水果組合,例如帶有果肉的草莓果醬和香蕉,或是改用派的餡料。

冷凍千層酥皮 1 片(約 255 克)(先解凍)

帶有果肉的杏桃果醬 6 小匙

切片的成熟中型香蕉 3 根

打散的大雞蛋 1 顆

1. 將酥皮切成六塊長方形。用桿麵棍將每塊酥皮擀成約 12.7 公分的正方形。

2. 將正方形酥皮擺在工作檯上,尖端朝上,形成像是鑽石的形狀。用湯匙將 1 小匙的杏桃果醬均勻地鋪在酥皮下半部,但在邊緣預留約 1.5 公分的邊,再將半根香蕉片鋪在杏桃果醬上。

3. 在正方形酥皮的邊緣刷上少許蛋液,先將上方的角拉起對折,形成三角形,用叉子沿著邊緣壓出密合的邊條,在表面刷上更多蛋液。(剩餘的酥皮、杏桃果醬、香蕉和蛋也以同樣方式處理。)

4. 將氣炸鍋預熱至約 177℃。

5. 分批烘烤,將千層酥餅放入炸鍋籃,烤約 10 分鐘,中途翻面,烤至酥皮呈現金黃色且膨脹(若使用氣炸式烤箱,請以約 149℃烤約 6 分鐘)。放涼幾分鐘後再享用。

每份:1 塊千層酥餅·熱量 315·脂肪 17 克·飽和脂肪 4.5 克·膽固醇 31 毫克·碳水化合物 37 克·纖維 2 克·蛋白質 5 克·糖 11 克·鈉 121 毫克

香烤蜜桃佐冰淇淋
Roasted Peaches with Ice Cream

桃子和冰淇淋是最典型的甜點之一。這經典的組合因使用熟度恰到好處的甜美夏季桃子而令人驚豔。以氣炸鍋烤至溫熱金黃，再鋪上香草冰淇淋或冷凍優格，這道甜點真的是簡單到不能再簡單了！

切半並去核的桃子 4 顆

香草冰淇淋、冷凍優格或不含乳製品的
　冰淇淋 1 杯

杏仁片 2 大匙

裝飾用綠薄荷幾株

1. 將氣炸鍋預熱至約 191℃。

2. 分批烘烤，在炸鍋籃中鋪上一層切半桃子，切面朝上。烤約 10 分鐘，烤至桃子軟化且表面焦黃（若使用氣炸式烤箱，溫度維持不變，烤約 8 分鐘。）

3. 將桃子分裝至四個上菜碗中。在每半顆桃子的中央放上 2 大匙的冰淇淋。撒上杏仁片和薄荷，即可享用。

每份：2 顆切半桃子 · 熱量 149 · 脂肪 6 克 · 飽和脂肪 2.5 克 · 膽固醇 15 毫克 · 碳水化合物 23 克 · 纖維 3 克 · 蛋白質 3 克 · 糖 20 克 · 鈉 27 毫克

傳統烤箱烹調對照表

若你想使用傳統烤箱而非氣炸鍋來製作本書的配方，我在下方提供適合一般烤箱用的烹調時間。請記住，用一般烤箱料理出來的結晶不會像氣炸鍋料理出來的一樣酥脆，但遵循這份指南會讓你更接近理想的成果。除非另有註明，否則所有的配方都是以噴上少許油的烤盤進行烘烤。

	配方	頁數	烤箱溫度	烹調時間
早餐	素義式蔥燒乳酪烘蛋	15	約191	35分鐘（我使用6英吋／約15公分的蛋糕烤模）
	給我百吉餅的口袋早餐	16	約218	16至18分鐘，中途翻面（中間烤架）
	雙醬燕麥烤餅佐香蕉與藍莓	18	約177	40分鐘
	家常蔥椒薯塊	19	約191	25至30分鐘
	自製貝果	20	約191	25分鐘（上層烤架）
	奶油乳酪糖霜肉桂卷	23	約177	20至25分鐘
	早餐火雞肉香腸	25	高溫烘烤	4至5分鐘，中途翻面
	迷你香料南瓜麵包	26	約177	45分鐘，中途轉動
	藍莓檸檬優格馬芬	29	約191	16至18分鐘
開胃菜與點心	水牛城雞翅佐藍紋乳酪沾醬	32	約218	45分鐘，中途翻面
	雞肉蔬菜春捲	35	約204	12至16分鐘，中途翻面
	墨西哥辣椒起司培根卷	36	約204	16至18分鐘
	奶油乳酪蟹角	39	約204	10至12分鐘，中途翻面（為烤盤噴上大量的油）
	烤蛤蜊沾醬	40	約177	30分鐘，鋪上帕馬森乳酪和紅椒粉，再烤3至4分鐘
	起司蟹肉鑲蘑菇	43	約204	20至22分鐘
	夏威夷蓋飯酥皮杯	44	約149	14至15分鐘（酥皮杯）
	自製玉米片與莎莎醬	46	約218	7至8分鐘，中途翻面
	墨西哥綠莎莎醬	48	高溫烘烤	6至8分鐘，中途翻面（墨西哥綠番茄）
	馬背上的惡魔	49	約218	12至14分鐘，中途翻面
	鑲餡櫛瓜皮	51	培根約204；櫛瓜約191	培根烤10分鐘，中途翻面。櫛瓜烤8至10分鐘，加乳酪和培根再烤2至3分鐘
	花椰菜炸飯球	52	約218	25分鐘
	薩塔酥脆鷹嘴豆	55	約191	35至45分鐘，每10分鐘搖動1次
	蒜結麵包	56	約191	18分鐘（擺在烤箱上部1/3處）

配方	頁數	烤箱溫度	烹調時間
酥炸醃黃瓜片佐肯瓊農場沙拉醬	59	約232	15分鐘，中途翻面
卡布里帕馬森乳酪雞肉沙拉	62	約218	8分鐘，中途翻面，接著添加乳酪和番茄，再烤3至4分鐘
帕馬森酥炸火雞排佐芝麻菜沙拉	64	約218	12至14分鐘，中途翻面
雙人香草美國春雞	65	約191	1小時（擺在嵌入烤盤的烤架上）
菲律賓醋燒雞佐酪梨莎莎醬	68	約218	15至16分鐘，中途翻面
無麵衣調味雞柳條	69	約204	40至50分鐘，中途翻面
醃黃瓜雞柳條	70	約218	8至10分鐘，中途翻面，接著再烤6分鐘（在烤箱下部1/3處）
亞洲土耳其肉丸佐海鮮醬	73	約218	18至20分鐘，中途翻面
義式奶油酸豆檸檬雞排	74	約218	8分鐘，中途翻面
玉米片炸雞佐涼拌蘿蔓	76	約204	40至45分鐘，中途翻面
辣優格醃雞腿佐烤蔬菜	78	約218	30分鐘，接著以高溫烘烤4至5分鐘（擺在上方的第2個烤架）
墨西哥起司綠辣椒酥炸雞卷	80	約204	18至20分鐘
法式藍帶雞排	82	約232	25分鐘
派對火雞肉餅	83	約204	12分鐘，加入鏡面淋醬，接著再烤12分鐘
低醣迷你漢堡佐特殊醬料	86	高溫烘烤	5分熟烤4分鐘，中途翻面（頂層烤架）
烤牛肉佐辣根香蔥醬	89	約177	1小時10分鐘（3分熟）
墨西哥烤牛肉沙拉	90	高溫烘烤	6分鐘，中途翻面（3分熟至5分鐘；頂端烤架）
芝麻醬醃側腹牛排	91	高溫烘烤	8分鐘（3分熟）或10分鐘（5分熟），中途翻面（頂層烤架）
韓國豬肉生菜卷	92	高溫烘烤	5至6分鐘，中途翻面（頂層烤架）
肉食主義甜椒鑲披薩	93	豬肉香腸高溫烘烤；甜椒約191	豬肉香腸烤7至8分鐘，中途翻面。甜椒以375°F（約191）烤16至18分鐘。為甜椒填餡後再烤10至12分鐘。
炸豬排佐酪梨、番茄和萊姆	94	約218	12至14分鐘，中途翻面
蘋果鑲豬排	97	約204	10分鐘，翻 面並塗上醬料，接著再烤10分鐘（為烤盤噴上大量的油）
五香蜜烤羊排	98	高溫烘烤	8分鐘，中途翻面
香酥椰蝦佐甜辣蛋黃醬	102	約218	15至18分鐘，中途翻面
阿根廷蝦餃	105	約204	18分鐘
檸檬蝦佐薄荷櫛瓜	106	約204	櫛瓜單獨烤10分鐘，加入蝦子後再烤8分鐘
墨西哥鮮蝦夾餅佐涼拌香菜萊姆	107	約218	15至18分鐘，中途翻面

家禽

牛肉、豬肉和羊肉

海鮮

配方	頁數	烤箱溫度	烹調時間
蟹堡佐肯瓊蛋黃醬	108	約204	20分鐘（擺在噴上油的烤盤上）
香料烤鮭魚佐黃瓜酪梨莎莎醬	111	約232	10至12分鐘，中途翻面
檸檬杏仁酥烤魚	112	約218	10至12分鐘
炸魚丸佐檸檬蒔蘿大蒜蛋黃醬	113	約204	16至18分鐘，中途翻面
鮭魚漢堡佐檸檬酸豆蛋黃醬	114	高溫烘烤	8分鐘，中途翻面
番茄菠菜乳酪鑲波特菇	118	約204	18至20分鐘
芝麻脆皮照燒豆腐「排」	121	約177	30分鐘，中途翻面 （為烤盤噴上大量的油）
水牛城花椰偽雞塊	122	約232	20分鐘
墨西哥街頭烤玉米	124	高溫烘烤	7至8分鐘，翻面4至5次
甜辣橡實南瓜	125	約177	在裝有1/4杯水的焗烤盤中，加蓋並烤 50分鐘。不加蓋再烤10分鐘。
培根烤球芽甘藍	127	約218	40分鐘，中途翻面
碳烤芝麻四季豆	128	約218	15分鐘，中途翻面
蘆筍培根卷	131	約232	10至12分鐘
炸薯條	132	約218	20分鐘，中途翻面
切達乳酪焗烤綠花椰	135	約177	22至25分鐘
酥脆洋蔥圈	136	約204	20分鐘，中途翻面
完美焗烤馬鈴薯佐優格和蝦夷蔥	137	約177	1小時15分鐘（直接擺在烤箱的烤架上）
酥脆地瓜薯條	138	約218	24至30分鐘，中途翻面
香蕉餅佐祕魯綠辣醬	141	約218	將整根青大蕉微波至中央軟化，約3至 3.5分鐘。將壓碎的青大蕉烤18至20分 鐘，中途翻面。
酥炸茄子	143	約232	8至9分鐘
非常莓果迷你派	146	約204	34至36分鐘
迷你吉拿棒	149	約177	30至35分鐘，中途翻面
烤奶酥蘋果派	150	約177	46至50分鐘
香蕉杏桃千層酥餅	153	約204	16至20分鐘
香烤蜜桃佐冰淇淋	154	約204	18至20分鐘（裝在焗烤盤中）

蔬菜主食與配菜

甜點

索引 INDEX

致謝 ACKNOWLEDGMENTS

衷心感謝協助完成這本氣炸鍋食譜的整個團隊。

首先,我要大大感謝Skinnytaste家族和我忠實的粉絲們,你們就是我在這裡的「理由」。

感謝我的家人,他們總是如此支持我,而且非常樂意當我的料理白老鼠。

一如往常地,我和我的朋友:認證營養師海瑟・瓊斯(Heather K. Jones)一起合作出版了第4本食譜書——真是令人難以置信!和她共事向來讓人樂在其中,她的正能量讓整個過程減輕不少壓力,感謝她總是能讓我保持冷靜。也要感謝她的團隊丹尼爾・阿扎爾(Danielle Hazard)、唐娜・芬尼西(Donna Fennessy)和傑基・普里斯(Jackie Price)注意所有的細節。

感謝我的阿姨利吉亞・卡爾達斯(Ligia Caldas),是她讓我保持有條不紊,而且可以像個專業人士一樣切菜。感謝妳當我的得力助手!

感謝我優秀且勇敢的經紀人珍妮絲・唐諾德(Janis Donnaud),我很高興一直有妳在身邊支持我!

感謝克拉克森・波特(Clarkson Potter)的傑出團隊:多麗絲・庫珀(Doris Cooper)、珍妮・希特(Jenn Sit)、卡莉・古爾加(Carly Gorga)、斯蒂芬妮・戴維斯(Stephanie Davis)、埃里卡・格爾巴德(Erica Gelbard)、斯蒂芬妮・亨特沃克(Stephanie Huntwork)、帕特里夏・肖(Patricia Shaw)、德里克・古利諾(Derek Gullino)、瑪麗莎(Marysarah Quinn),我好喜歡與你們一起工作。

感謝我才華洋溢的攝影師奧布麗・皮克(Aubrie Pick),以及她出色的團隊,包括助理泰坦・瑪格納斯(Tatum Mangus)、食物造型師薇薇安・劉(Vivian Lui)、食物造型師助理西比勒・唐杜(Cybelle Tondu)和布瑞特・瑞戈(Brett Regot),以及靜物拍攝造型師梅夫・謝里登(Maeve Sheridan)。

最後,我想感謝我所有的閨蜜好友們,感謝妳們一路走來,不斷支持我進行這場有趣又瘋狂的冒險!

纖食氣炸鍋

75 道減醣 + 少油 + 低脂的營養氣炸鍋食譜

The Skinnytaste Air Fryer Cookbook:
the 75 Best Healthy Recipes for Your Air Fryer

國 家 圖 書 館 出 版 品 預 行 編 目 (CIP) 資 料

纖食氣炸鍋：75道減醣 + 少油 + 低脂的營養氣炸
鍋食譜 / 吉娜‧哈莫卡（Gina Homolka）、希
瑟‧瓊斯（Heather K. Jones）作；林惠敏譯. --
初版. -- 臺北市：麥浩斯出版：家庭傳媒城邦分公司
發行, 2021.3
　面；　公分
譯自：The Skinnytaste Air Fryer Cookbook: the 75
Best Healthy Recipes for Your Air Fryer
ISBN 978-986-408-662-7(平裝)

1. 食譜

427.1　　　　　　　　　　　　　110003455

作者	吉娜‧哈莫卡（Gina Homolka）、希瑟‧瓊斯（Heather K. Jones）
翻譯	林惠敏
特約編輯	劉文宜
美術設計	郭家振
發行人	何飛鵬
事業群總經理	李淑霞
副社長	林佳育
主編	葉承享
出版	城邦文化事業股份有限公司 麥浩斯出版
E-mail	cs@myhomelife.com.tw
地址	104 台北市中山區民生東路二段141號6樓
電話	02-2500-7578
發行	英屬蓋曼群島商家庭傳媒股份有限公司城邦分公司
地址	104 台北市中山區民生東路二段141號6樓
讀者服務專線	0800-020-299（09：30～12：00；13：30～17：00）
讀者服務傳真	02-2517-0999
讀者服務信箱	Email: csc@cite.com.tw
劃撥帳號	1983-3516
劃撥戶名	英屬蓋曼群島商家庭傳媒股份有限公司城邦分公司
香港發行	城邦（香港）出版集團有限公司
地址	香港灣仔駱克道193號東超商業中心1樓
電話	852-2508-6231
傳真	852-2578-9337
馬新發行	城邦（馬新）出版集團Cite（M）Sdn. Bhd.
地址	41, Jalan Radin Anum, Bandar Baru Sri Petaling, 57000 Kuala Lumpur, Malaysia.
電話	603-90578822
傳真	603-90576622
總經銷	聯合發行股份有限公司
電話	02-29178022
傳真	02-29156275
製版印刷	凱林彩印股份有限公司

定價　新台幣420元／港幣140元
2021年3月初版‧Printed In Taiwan
版權所有‧翻印必究（缺頁或破損請寄回更換）
I S B N　978-986-408-662-7